计算机科学与技术专业培养方案编制指南

中国计算机学会 编著

清华大学出版社
北 京

内 容 简 介

每一个学校都有各自的特点,无论是学校历史文化、生源构成,还是毕业生就业去向以及学校对人才培养的定位都不相同,即使同是计算机科学与技术专业,也不宜套用相同的人才培养方案。基于这样的考虑,本书主要目的是帮助专业负责人和专业教师理解人才培养的核心要素、制定人才培养方案的指导思想以及工作流程等;解读培养目标、毕业要求、课程体系、评价与持续改进等环节的内涵和确定方法,并通过一些具体案例来展示培养方案各要素的确定过程。本书并不打算给出一个具体的本科人才培养方案。

图书在版编目(CIP)数据

计算机科学与技术专业培养方案编制指南/中国计算机学会编著.—北京:清华大学出版社,2018 (2019.10 重印)
　ISBN 978-7-302-50573-0

　Ⅰ.①计… Ⅱ.①中… Ⅲ.①电子计算机－人才培养－研究－中国
Ⅳ.①TP3-4

中国版本图书馆 CIP 数据核字(2018)第 140494 号

责任编辑:谢　琛
封面设计:何凤霞
责任校对:梁　毅
责任印制:杨　艳

出版发行:清华大学出版社
　　　　　网　　　址:http://www.tup.com.cn,http://www.wqbook.com
　　　　　地　　　址:北京清华大学学研大厦 A 座
　　　　　　　　　　　　　　　　　　邮　　编:100084
　　　社 总 机:010-62770175　　　**邮　购:**010-62786544
　　　投稿与读者服务:010-62776969,c-service@tup.tsinghua.edu.cn
　　　质量反馈:010-62772015,zhiliang@tup.tsinghua.edu.cn
　　　课件下载:http://www.tup.com.cn,010-62795954
印 装 者:北京建宏印刷有限公司
经　销:全国新华书店
开　本:148mm×210mm　**印张:**3.875　**字　数:**71 千字
版　次:2018 年 9 月第 1 版　　　**印　次:**2019 年 10 月第 4 次印刷
定　价:38.00 元

产品编号:079904-01

目　录

第1章 编写介绍

1.1 编写背景

《计算机科学与技术专业培养方案编制指南》(以下简称《指南》)的编写,源于以下几个因素:

第一,计算机专业的培养方案缺乏公认的标准,导致现有培养方案存在较多的问题。我国的计算机科学与技术专业工程教育认证工作,由中国计算机学会(简称CCF)承担,至今已经有十多个年头了。认证专家们在参与高校专业认证的过程中,发现在计算机专业人才培养中存在着一些突出的、带有普遍性的问题。比如,培养目标的制定缺乏依据;毕业要求中能力和素质的内涵理解不到位导致教育内容和评价不尽合理;课程体系不能有效支撑毕业要求的达成;将培养方案等同于课程体系等问题。这些问题的存在,不利于高水平合格人才的培养。

第二,CCF教育工作委员会有责任也有能力开展计算机专业培养方案编制的研究工作,并提出方案编制指南。中国计算机学会教育工作委员会的委员有相当一部分是专业建设的负责人,他们在回顾自己在编制培养方案过程中遇到的困难时认为:最大的困难是缺乏有效的参考指导,很多时候都是靠自己摸索,走了很多弯路。如果能编制一本指导专业负责人制定科学合理的人才培养方案的指南,将是一件非常有意义的事情。

第三,国外的经验需要参考,但是中国的事情还需要结合中国特色。ACM/IEEE 的计算机课程标准(CC)对我国的计算机教育影响深远,许多高校都参照 CC 设计各自的培养方案。但是,将计算机科学与技术分解为计算机科学(CS)、计算机工程(CE)、软件工程(SE)、信息系统(IS)和信息技术(IT)五类,来分别给出培养方案的做法,并没有被大多数的高校所接受(虽然软件工程从计算机科学与技术专业中分离出去,成为一个独立的专业的现象,似乎是支持这种分裂的佐证)。即使相关专业教学指导委员会也曾力推该模式,鼓励各高校根据自己的特点,选择有所侧重并形成自己的专业特色,但是各高校似乎也没有这么去做。我国最新的计算机科学与技术专业标准,并没有继续沿着这个路子走下去。

在以上因素的综合驱动下,我们深感有必要研究对培养方案的制定过程,梳理出制定培养方案的基本原则、关键要素、工作流程以及设计方法等。我们相信,这对于专业负责人制定培养方案是很有意义的一件事情。

1.2　目的与原则

每一个学校都有各自的特点,无论是学校的历史文化、生源构成,还是毕业生就业去向以及学校对人才培养的定位都不相同,即使同是计算机科学与技术专业,也不宜套用相同的人才培养方案。

基于这样的考虑,本《指南》主要目的是帮助专业负责人和专业教师理解人才培养的核心要素、制定人才培养方案的指导思想以及工作流程等;解读培养目标、毕业要求、课程体系、评价与持续改进等环节的内涵和确定方法,并通过一些具体案例来展示培养方案各要素的确定过程。本《指南》并不打算给出一个具体的本科人才培养方案。

制定人才培养方案的基本原则主要包括以下三点:

① 遵循 OBE 的教育理念。所谓 OBE(Outcome-Based Education),即基于产出的教育,是工程教育中普遍采用的教育理念。OBE 的核心思想是人才培养要从明确培养目标开始。在制定培养方案之前,首先明确我们要培养什么样的人,他们应具备什么样的基本能力和专业素质,能够胜任未来职场上什么类型的工作,也就是要首先做好人才培养的目标设计。人才培养要做到"指哪打哪"。

② 遵循结构化设计方法。结构化设计的核心要求有两

点：一是工作分阶段，将整个设计过程分成若干个阶段，将一个复杂问题分解成若干相对简单一些的问题。二是每个阶段都设置评审的环节，以确保每一阶段的质量并尽量减少返工。因此，结构化设计也称为瀑布型设计。

本《指南》将培养方案的制定划分为培养目标、毕业要求、课程体系、评价改进四个阶段。首先从确定培养目标开始，设计毕业要求，再设计课程体系，最后设计评价和持续改进机制。每个阶段均需要有一个评价的环节，以确保设计的阶段输出能符合质量控制的要求。

学科在发展，社会需求在变化，人才培养是一个过程，没有一成不变的培养方案。同样，过去设定的培养目标也好、知识体系也好，有可能存在不合理的地方，培养方案不可能一蹴而就。因此，与其追求一个完美的培养方案，不如设计一套可操作性强的评价与反馈机制，在过程中持续改进。

③ 遵循以学生为中心的理念，即以学生学到了什么而不是以教师教了什么作为编制培养方案的依据。高等学校的根本价值就是培养合格的人才。在我国就是要培养政治立场过硬、专业技能扎实、素质全面发展的合格社会主义事业建设者。激发每一个学生的潜能、使得每一个学生都能健康成长是教育追求的结果。

以学生为中心的教育模式的根本目的是促使不同素

质、不同特长的学生扬长补短、各得其所。实现这一目的的有效途径是因材施教,关键在于学生的潜能是否得到适当地、充分地开发,是否有益于他们身心的健康发展。千万不能用标准化的指标去评价他们,抹杀学生的个性,压制学生的冒尖倾向。因此,培养方案一定不能脱离学校的具体情况来制定,不应存在千篇一律的教学计划和教学方案。同样,并非在课程中包括越多越难的知识点,方案就高大上了。判断一个培养方案是否科学的唯一标准应该是接受该方案教育的学生是否通过合理训练成长为合格的毕业生。

1.3 定位

关于人才培养方案,各专业学会和教学指导委员会都做了大量的工作。CCF 教育工作委员会做这件事情,不可避免地要回答与它们之间的关系是什么。我们通过阐明与这些工作之间的异同来刻画本《指南》的不同定位。

首先,与其他有关工作类似,都是关于计算机本科专业培养方案的内容。其总目标是一样的,都是为了制定出好的培养方案。这既是共同点,又是出发点。因此就不可避免地存在某些内容相同或者相似。

其次,与其他有关工作也有明显的不同,主要表现在以下方面。

1. 与 ACM/IEEE 计算机课程标准(CC)之间的关系

ACM/IEEE 的计算类课程标准(CC),包括计算机科学(CS)、计算机工程(CE)、软件工程(SE)、信息系统(IS)和信息技术(IT)等标准,是关于计算机科学与技术专业相关的最有代表性的专业规范。尽管这套方案有很多可取之处,ACM/IEEE 已经在全球推行这套体系很多年,我国相关专业教学指导委员会也曾积极推广该体系,但事实上,似乎还没有一家计算机科学与技术专业声称自己是按照 CS 或者 CE 来培养的。可见其现实可行性不高,不太符合中国的实际情况。CC 的重点在专业的知识体系(body of knowledge)的梳理上,其归纳形成的知识领域对于我们组织课程有重要的指导作用。本《指南》在设计专业的知识体系上主要参考了 ACM/IEEE 的知识体系分类。

本《指南》以指导计算机科学与技术专业的教学负责人制定培养方案为目的,是以培养目标和毕业要求为牵引,强调从用人单位的毕业生能力需求角度去设计培养目标和毕业要求。在此牵引下,指导设计课程体系,强调课程对于毕业要求的支撑作用。因此,从目的、内容和侧重点都不同。

2. 与教育部高等学校计算机类教学指导委员会制定的专业标准的关系

教育部高等学校计算机类教学指导委员会作为我国高校计算机专业人才培养的最高学术机构,制定专业标准是政府赋予他们的职责。该机构也先后出台了《高等学校计算机科学与技术专业发展战略研究报告暨专业规范(试行)2006》《计算机类专业教学质量国家标准(征求意见稿)2015》等十几个相关规范,并积极进行宣讲推广。这些内容对于各学校制定计算机专业的人才培养方案具有重要的参考价值。但是,这些专业规范与 ACM/IEEE CC 类似,是从学科体系出发,重点介绍专业相关的知识体系。与本《指南》的目的与内容有显著不同。

3. 与计算机类工程教育专业认证的关系

工程教育专业认证的基本理念是 OBE,即首先回答我们要培养什么样的人的问题,描述清楚对人才的要求;然后回答如何培养;最后,强调以学生为中心,进行目标导向的评价,从评价教师教得怎么样,转变为评价学生学得怎么样。为此,工程教育专业认证要求明确学生的培养目标,面向培养目标明确学生的毕业要求,以培养目标和毕业要求为导向,确定课程体系,并因此明确师资队伍和支撑条件需求。对于每位毕业生，要根据其考核情况，定量评价是否达成了毕业要求。

本《指南》对培养目标和毕业要求进行剖析，涵盖课程体系、评估与持续改进，提供知识体系、课程和培养方案的案例。从体系和目标上看，与工程教育专业认证是一致的，按照本《指南》编制培养方案并有效地执行，能够有效指导计算机科学与技术专业更好地达到工程教育认证规范要求。本《指南》可作为专业准备、专业认证的参考手册。

1.4　内容与章节编排

一个完整的培养方案，通常由培养目标、毕业要求、课程体系以及评价与持续改进等内容构成。因此，本《指南》将这些要素作为制定人才培养方案的核心要素，内容聚焦在这些要素的设计方法上。至于其他诸如师资队伍和支撑条件等内容，尽管事关方案的可实施性，也很重要，但是本《指南》不做重点阐述。

本《指南》包括编写介绍、培养目标、毕业要求、课程体系、评价与持续改进以及附录六个部分，从方法论角度阐述了在编制培养方案时需要关注的关键要素，提供了可以参考的编制方法。《指南》提供了知识体系、课程案例、培养方案案例等多个附录，供读者作为编制培养方案时的参考样例。

第1章 编写介绍。主要介绍《指南》的编写背景、主要内容和特色、基本原则、工程教育专业认证以及与教学指导委员会专业规范等的关系，以及本《指南》的定位等。

第2章 培养目标。从专业培养目标内涵、制定原则、制定过程、特色化建议等方面，阐述了培养目标的编制方法，并给出一个示例。

第3章 毕业要求。首先分析了毕业要求的作用、内涵及制定的基本原则，从知识、能力、素质三个方面给出了毕业要求的一种参考方案，然后分析了毕业要求对培养目标的支撑关系及其与工程教育专业认证12条标准的对应关系，解读和分析了复杂工程问题及其对教学体系设计的指导意义，最后简单论述了毕业要求中设置非技术能力与素质条款的必要性。

第4章 课程体系。首先介绍了课程体系的作用与内涵，课程体系与知识、能力、素质的关系，然后介绍课程体系如何支撑毕业要求、课程群的组织、课程体系的建设过程，最后对不同类型学校、专业提出课程体系建设的个性化建议。

第5章 评价与持续改进。评价现有培养方案是制定新的培养方案的起点，从评价的机制、评价的要求与方法、评价结果如何用于改进等三个部分，介绍了培养目标、毕业要求和课程体系的评价机制与方法,用于判定培养目标是否合理,毕业要求是否达成,课程是否能支撑毕业要求。

附录 A 介绍了两个计算机科学与技术专业的培养方案案例。

附录 B 介绍了知识体系的组织和示例。

附录 C 介绍了若干大学计算机科学与技术专业的典型课程案例。

1.5　几点说明

第一,这是培养方案的编写《指南》而不是培养方案本身。我们一再强调,培养方案没有一个普适的本子。它应该有着强烈的学校特色,与学校的文化背景、生源构成、就业传统、师资条件以及学校的整体环境等都有关系。因此,专业负责人应在全面了解这些因素后,提出独具特色的培养方案。

第二,这是汇聚众多一线专家智慧和经验的总结,指导性和可操作性比较强。参与《指南》编写的核心专家都是国内重点高校一线负责专业建设的领导或专家。他们从自身的经历中找出痛点和难点,在激烈的争论中逐步达成共识。尽管表达上可能不尽如人意,但是读者可以从中感受到其内容是"有血有肉有灵魂"的。

　　第三,面对 ACM/IEEE 将计算机科学与技术专业区分为计算机科学(CS)、计算机工程(CE)、软件工程(SE)、信息系统(IS)和信息技术(IT)五个类别的做法,我们一度也陷入其中而不能自拔。经过长时间的思考和讨论,我们提出了知识集群(knowledge cluster)的概念,将全部知识领域按照计算平台、问题求解、数据科学和特色集群划分为多个知识集群。我们认为计算机科学与技术专业应该掌握这些知识集群的基本部分,同时应根据各自学校的特点,对不同的知识集群有不同的要求,从而体现出各自的风格和特点。这种灵活的组装方式,让我们走出了分类的"魔咒"。

　　第四,将"数据科学"作为计算机科学与技术专业的核心知识集群是本《指南》的一个创新。相比于计算平台和问题求解这两个知识集群,将数据科学作为专业的共同知识集群可能会引起争论。教育工作委员会内部在讨论和征求意见时,有委员提出不同意见,有些希望谨慎对待,有些还相当激烈。但是,鉴于眼下的大数据与云计算,还有深度学习与计算智能的热火朝天,我们有足够的理由相信,数据科学的有关知识对于计算机本科专业的学生是非常重要的。

第 2 章　培 养 目 标

专业的培养目标是用来描述和设定本专业学生在毕业若干年后所能够达到的培养预期,即期望学生在毕业若干年后所能够达到或满足的质量和规格的总要求,或者是在预期行业中所能够取得的成就。简单地讲,就是回答将学生培养成什么样的人。

时间段一般可以按照毕业年份来计算,比如近期培养目标可考虑毕业 5 年后,而中长期则可以预期毕业 10 年后。如果要设计更长的培养目标则需要结合培养单位的实际情况来考虑。本《指南》不建议用 10 年以上的长周期来刻画本科培养目标,其理由如下:因为一个人发展的高度不仅与本科阶段的培养有关系,还与成长环境、个人努力以及个人机遇等相关。一般来说,时间越长,培养目标和本科阶段的培养关系越弱。

2.1 制定原则

因为培养目标具有一定的前瞻性、稳定性①和后验性等特征,所以在制定过程中应遵循以下原则,从而对培养目标的设计形成有效约束。

(1)可达成

培养目标可以通过相应的课程体系、教学环节以及毕业后个人的持续努力②来达成。培养目标中的任何陈述都能落实到专业培养的毕业要求上,而后者则通过课程或教学环节来达成。即使培养目标的某些内容在毕业后要继续锻炼和培养,但也要尽可能落实到毕业要求上。例如,可以补充说明需要在毕业后继续提高的内容,比如沟通交流能力。

培养目标的达成可以分为两个角度:一是个体达成度。这个方面不要求全部个体都达成,但要求大多数学生能够达成;如果没有达成,应该达成了多少? 二是整体达成度。这个要求全部学生都要达到。

---

① 这里的稳定性是指通常情况下培养方案实施后不能进行修改。

② 这里的努力可以包括终身学习、沟通交流,以及吃苦耐劳和积极进取的品质等。

只有保证培养目标的这项原则，才能够保证培养目标是有效的。这需要清晰描述培养目标的内涵，即培养的人才应该具有的知识、能力、素养。这些内容应该是相对公认的。当然，培养目标还可以包含成就、层次、作用等方面的要素。需要说明的是，本《指南》重点强调知识、能力和素养这三个基础方面。某些要素不一定能够单独存在，比如层次，可能需要与能力结合，也可以不独立列出来。

培养目标达成的考查周期一般设定为 2～4 年①。考查方式请参考后面的"5.2 培养目标的评价与持续改进"。

（2）符合性

专业制定的培养目标要与本校的人才培养总目标相符合，不仅要与本校学生的实际情况相适应，同时也要适应社会经济发展需要。

与学校定位的符合性实际上也有度的含义，比如 90％符合或 100％符合。专业要分析各自的内涵，同时尽可能体现学生实际情况估计的合理性。符合性要平衡学校定位、学生实际和社会需要这三者关系，不要太高也不要太低。

（3）明确性

培养目标要尽可能明确，有重点、有特色，服务面向要

---

① 培养目标一般考查学生毕业 5 年后所能够达到的职业成就，所以建议按照 2～4 年考查一次培养目标的达成情况。

体现社会需要和职业特色,既不要太宽泛,也不要太狭窄。

比如,某学校在数据库领域有很好的积累,那么它的专业培养目标中可以包括:……能够担任数据中心的数据库管理员……能够从事数据管理和分析领域中前沿问题的研究……再进一步考虑毕业10年后,比如增加"成为技术骨干或中层管理者"的预期。

(4)可度量

专业应通过具体措施对培养目标的达成进行度量。达成的评价标准可以设定某个具体数值,比如超过80%的毕业生能够达标,也可以参考工程教育专业认证的第三方标准,通过实施达成度评价来度量培养目标的达成情况。评价可以通过多渠道完成,比如可以通过社会用人单位、第三方评价机构、毕业生自评、毕业生的就业岗位、职位、成就情况调查等渠道来判断评价是否达成。有关调查表可以和制定培养目标时调研用的调查表相结合。

有关评价内容可以参阅第5章。

(5)层次化

培养目标可以结合实际情况,定位不同层次,比如设计为基本目标和高级目标,也可以明确合格、优秀的培养目标标准,而不是必须单一设定,从而体现因人、因才的培养理念。比如上例中,考虑到学生自身以及外部因素的影响,数据库管理员(Data Base Administrator,DBA)可以是不同层次的,面向的数据中心规模也可以区分小型、中型或大型。

注意,这是一个参考性建议。培养目标中可以没有层次,即只有一个层次①。

2.2 制定过程

培养目标的设计可能发生在建专业之初,也可以是在修订专业培养方案之时。培养目标的制定过程包括五个环节:调研分析、编制设计、征求意见、答辩评审和确定实施。其基本流程如图 2-1 所示。

图 2-1 培养目标制定流程图

下面逐一说明各个环节的主要工作。

(1)调研分析

调研分析的目的是通过收集和分析所获得的相关数据和资料,形成调研报告,为毕业生职业预期的合理定位提供有效支撑。调研数据可能涉及学校定位、专业特色、社会需求、用人单位需求和学生期望等。

---

① 在工程教育专业认证中就是只认证合格标准。

调研形式和格式等可以根据对象不同自行设计,如设计毕业生调查问卷。问卷对象为 5 年和 10 年的毕业生,内容涉及所从事行业、领域、本人职位和岗位、职位要求、适应情况、职位能力要求、成就等。

在各类调研数据基础上,撰写调研报告。调研报告应总结本专业毕业生所在的重要行业或领域(特别是优势或特色行业),以及从事的工作和成就,同时汇总、分析并形成相关行业对知识、能力和素质的要求。

例如,调研报告中有 30% 以上的毕业生从事 DBA 工作,那么 DBA 工作就可以被认为是特色行业。进而可以分析 DBA 需要有自我学习能力、分析解决复杂问题的能力、沟通能力等。调研过程中可以忽略比较极端的毕业生数据。

(2)编制设计

在调研报告的基础上,给出培养目标的具体陈述,对学生毕业后的未来状态进行预估,要符合上面所列出的各项原则。

按照对培养目标内涵的理解,培养目标中专业成就的描述应根据调研报告相应分析结果来设计。比如在上面的调研中,30% 的比例已经具有代表性了,那么可以将"担任 DBA"作为培养目标之一。

编制过程中要进行内涵分析,既要说明所培养的人才应该具有的知识、能力、素养,同时也要分析哪些是本科毕业时可以达成的,哪些是需要本科阶段有支撑的,哪些是完全依靠其自身获得的。内涵分析不需要写入培养目标,但应独立保留。特别是前两部分的分析结果在毕业要求中都要有体现,一方面用于指导毕业要求的设计,另一方面用于后续征求意见和评审的基础。

表 2-1 给出了培养目标内涵分析的示例,它是以 DBA 为培养目标,通过分解并描述相应的二级指标完成了内涵分析。

表 2-1　培养目标内涵分析表(部分)

拟定培养目标	培养目标二级指标	
能够担任大型数据中心的 DBA	1-1	具有扎实的数据工程专业知识,并能够灵活运用
	1-2	具有对复杂工程问题的理解、分析、综合、比较、概括、抽象、推理、论证和判断能力
	1-3	能够与他人或客户有效沟通
	1-4	具备独立学习的能力和创新意识
	1-5	具备对一定规模的团队管理能力
	1-6	具有责任心和专业素养

（3）征求意见

给出所编制的培养目标及其编制设计过程设计说明,发布给本单位(根据具体专业要求也可以包括外单位)有关人员征求意见。征求意见汇总后可以根据意见继续修改，并再次征求意见。征求意见主要针对设计说明展开，也可以同时附上调研报告。

设计说明可以包括（但不限于）如下内容：

① 基本信息。比如目的、制定人、时间、适用对象等。

② 原则的落实情况。对每个原则都要说明如何具体化的。比如对"层次化"原则具体如何落实，即分层情况及其依据。

③ 目标设定依据。要说明每个目标项设定的缘由以及如何贯彻专业培养的意图，可以基于调研报告中的分析。比如上面例子中提出培养 DBA 是基于毕业生调查问卷的分析结果。这部分可以采用依据分析表格形式。

④ 目标内涵。为目标落地给出实质性建议和指导，设计说明中可以对培养目标项的每个描述说明其内在含义，即达到该目标项需具有的知识、能力、素养等。这部分可以采用对培养目标项分解为二级指标的形式来描述，即将内在含义细化成若干二级指标项。这部分内容可以来自上面编制设计过程中的内涵分析。

征求意见表除汇总意见外，还要包括培养目标编制小组的处理意见和处理依据或备注。

征求意见表没有严格的格式，各个使用单位可以自行设计，包括给出需要评价或提供反馈意见的指标列表和评价标准或约定。比如,征求意见表中可以包括序号、章节号、意见内容、修改建议、提出单位和/或建议人、处理意见以及备注等。

（4）答辩评审

组建培养目标评审委员会并召开现场评审会。评委构成可以包括企业人员或行业专家,并在允许的情况下有学校主管教学培养工作的负责人。

编制人在评审会上要对培养目标进行解释,评委则需要对原则的落实以及反馈意见处理情况进行核查和质询。最终,根据评审意见来决定是修改重审,还是进入下一个环节。

每位评审委员应各自独立填写评审意见表。意见可以涉及整个答辩的各个环节。

评审后需要汇总各评审专家的具体意见,并形成委员会的总体评审意见。如果有重大分歧,则需要编制组成员修改后重审。评审通过后,编制人应对具体意见逐条给予响应,形成评审意见反馈表并请各评审专家做核对。一般情况下,反馈表仅做一轮即可。如果对反馈表有不同意见,可以留待持续改进环节处理。

类似的,答辩评审环节也由使用单位自行设计。

（5）确定实施

通过培养目标评审后,编制人应针对答辩意见进行必要修改形成最终的培养目标,并将其加入到培养方案中。同时,应注意及时更新相应设计说明,因为这些说明文件是对培养目标内涵的解释,对于指导毕业要求的设计具有重要意义。

2.3　特色化建议

虽然同类专业的培养目标具有相似性,但也应该贯彻"特色培养"的宗旨。本《指南》鼓励专业在设计培养目标时能够充分结合学校的特色、就业行业特点、学科专业特色等多方面因素来制定有特色的培养目标。

比如,下面以 3 个案例来说明如何使得培养目标具有特色:

(1)侧重系统

侧重计算机软硬件结合型人才的培养。比如培养目标中强调:学生在软硬件结合的系统平台方面的知识、研发能力、素养等,能够在某个或某些领域从事复杂计算机软硬件系统的设计、开发和维护等工作。

(2)侧重软件

侧重计算机软件理论和通用技术方面的人才培养。比如培养目标中强调:学生在软件设计和开发方法方面的知识、研发能力、素养等,能够参与或主持复杂软件的设计、研制和改进等工作。

（3）侧重应用

侧重结合领域特色的复杂应用问题的方法和技术开展人才培养。比如培养目标中强调：学生在各类特色行业或领域应用的专门或综合知识、研发能力、素养等，能够在解决特色行业或领域的复杂应用问题的工作单位具有优势。

2.4 示例

本示例为一个虚构的培养目标。它基于上述各原则，可以按照上面所描述的过程制定出来。

示例培养目标所假设的背景和调研情况有：学校定位为建设一流学校；本专业在数据管理和分析方向具有特色与学科优势；毕业生继续深造的比例很高，接近70%，并且其中很多毕业生选择了直博生，即5年后还在读博士或者刚刚博士毕业。在完成整个制定过程后，拟订的培养目标如下：

学生能够具有厚重品质和争先精神、扎实的数学和计算机专业知识基础，在终身学习、专业发展和领导能力等方面有显著进步。

学生毕业后能胜任各类IT公司或事业单位的信息系统研发与数据分析部门的技术或领导工作，能够担任小型、中型或大型数据中心的DBA；能够在国内外高等院校、科研机构继续深造,开展独立研究,探索数据管理和分析领域中的新问题并取得创新的成果。

在这个培养目标中包含了以下几个基本要素:

① 学生将具有的知识储备、素质积淀和能力发展。

本例中提出毕业生要具有厚重品质和争先精神以及在毕业后需要持续提高的若干关键能力,比如终生学习、专业发展和领导能力。

② 未来所从事的主要行业和工作,可以包括优势行业或领域。

IT公司或事业单位是本专业毕业生的主要从业部门和优势行业。继续从事研究工作。

③ 将取得的成就。

能够胜任技术或领导工作,或者取得已经公开发表的研究成果。

④ 结合学校定位和本专业具体特色。

厚重品质、争先精神以及领导能力都是与定位的一流学校保持一致,同时强调数据管理和分析体现专业的特色。

特别强调的是,本示例中所列举的知识、素质和能力不能简单等同于毕业要求,它需要学生在本科毕业后进一步持续发展和提高。比如本科阶段培养学生的终生学习、沟通交流、文献查阅等能力的目的之一就是使得学生有充分准备来面对就业后遇到的自己不会做的工作,能够更好地进入工作状态。

第3章 毕业要求

毕业要求是对学生在毕业时所应该掌握的知识、能力和素质的具体描述，是培养方案设计的核心环节之一。毕业要求对于培养目标达成具有重要的支撑作用，对于课程体系设计具有重要的指引作用。

3.1 毕业要求的作用与内涵

培养目标、毕业要求和课程体系三者之间具有清晰的层次关系，如图 3-1 所示。毕业要求在其中发挥了承上启下的关键衔接作用，具体表现如下：

① 毕业要求与培养目标：从设计的角度看，培养目标是毕业要求设计的主要依据。从达成性评估的角度看，培养目标并不要求全体毕业生都要达成，但毕业要求则要求全体毕业生都必须达成。

② 毕业要求与课程体系：毕业要求是课程体系规划的主要依据。每条毕业要求应由一门或多门课程承载，并通过课程内部的教学环节来具体实现。

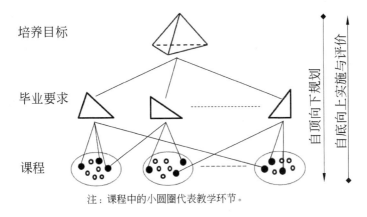

注：课程中的小圆圈代表教学环节。

图 3-1 培养目标、毕业要求与课程的三者关系

在整个教学体系设计与实施过程中,我们应该围绕培养目标定义相应的毕业要求,进而围绕毕业要求构造①课程体系。这个规划过程主要以自顶向下为主。为了评价培养目标的达成,则必须评价毕业要求的达成;而评价毕业要求的达成则依赖课程教学的达成情况。因此,实施与评价是自底向上进行的。

一般而言,毕业要求与课程之间是多对多的关系。首先,一条毕业要求通常需要多门课程与之对应。仅依靠一门课程来达成毕业要求,这往往会被认为是不行的。例如,培养学生的创新意识,通常需要通过讲座、项目开发、社会实践等多个教学活动才能达成。其次,一门课程的某个教

———————————

① 这里的构造包括设计全新课程、优化已有课程等多种课程建设方式。

学环节也可以支撑多个毕业要求。例如,组织一次关于职业道德的辩论,既可以培养学生的表达能力,也有助于培养学生建立良好的职业操守。

一般来说,为了更准确地评价毕业要求的达成,往往需要将一条毕业要求再分解为若干更加具体且可以独立评估的指标点,本文 3.5 节中给出了如何将毕业要求分解为指标点的案例。

在教学体系的规划上,很难做到完全意义上的"自顶向下"。在规划高层次目标时,我们或多或少地都需要考虑到低层次实现的可行性等因素。这点在已有专业的改进中体现尤为突出。这里的"自顶向下"更多体现的是思考问题的方法学,即应该尽可能地围绕顶层目标展开教学设计,而不是简单地看看目前已有哪些课程来推演能培养什么样的人。

值得注意的是,我们应该意识到知识、能力和素质在达成方面存在较大差异。例如,能力通常需要依靠大量实践性训练来达成。素质的达成,除了实践性训练外,也往往需要长时间的熏陶。相对于知识而言,能力和素质的培养与评价需要更多的时间。

3.2　毕业要求制定的基本原则

我们建议制定毕业要求时应遵循如下基本原则。

原则 1:一致性。在制定毕业要求时,其具体内容既不能要求过高也不能要求过低,应该与培养目标保持一致性。另外,如果某专业希望通过国家工程教育专业认证,则其毕业要求不应低于认证标准。

原则2:可度量。评价一项毕业要求达成的前提是该项毕业要求能够被度量,这就要求毕业要求首先有具体的教学活动来与之对应,其次教学目标的达成要能够被度量。

此外,在制定毕业要求时,各专业还应考虑在一定程度上反映本专业人才培养的一些特点和优势。

3.3 毕业要求的参考内容

毕业要求可以有多种制定方法。一种方法是以工程教育专业认证的12条标准为基础并结合各专业自身特点来制定能充分反映专业特点的毕业要求。本《指南》在这里介绍另一种方法,即将毕业要求规划为若干类别,然后再细化每个具体毕业要求。例如,可以从知识、能力及素养三个方面定义毕业要求。

在具体定义计算机专业毕业能力时,我们部分参考了工程教育专业认证标准。本文描述的毕业要求仅仅是一种参考示例。各专业不应简单地模仿,而应该围绕自己的培养目标制定相应的毕业要求。

知识方面:

① 掌握数学、自然科学、工程基础等知识。

② 掌握计算机基础理论与专业知识。

③ 了解计算机行业发展动态、学习计算机理论与技术的新发展。

④ 了解经济与管理相关知识。

能力方面：

⑤ 问题分析：能够应用数学、自然科学和工程基础的基本原理，识别、表达并结合文献研究分析复杂工程问题，以获得有效结论。

⑥ 设计/开发解决方案：能够设计针对复杂工程问题的解决方案，设计满足特定需求的系统、模块或算法，并在设计过程中考虑社会、健康、安全、法律、文化以及环境等因素。

⑦ 研究：能够基于包括数学与计算机等领域的科学原理并采用科学方法对复杂工程问题进行研究，包括设计实验、分析与解释数据，并通过信息综合得到合理有效的结论。

⑧ 使用现代工具：能够针对复杂工程问题，开发、选择与使用恰当的技术、资源、现代工程工具和信息技术工具，包括对复杂工程问题的预测与模拟，并能够理解其局限性。

⑨ 工程与社会：能够基于计算机工程相关背景知识进

行合理分析,评价计算机专业工程实践和复杂工程问题解决方案对社会、健康、安全、法律以及文化的影响,并理解应承担的责任。

⑩ 环境与可持续发展:能够理解和评价针对复杂工程问题的工程实践对环境、社会可持续发展的影响。

⑪ 个人与团队:能够在多学科背景下的团队中承担个体、团队成员以及负责人的角色。

⑫ 项目管理:理解并掌握工程管理原理与经济决策方法,熟悉计算机工程项目的基本管理方法与技术,并能在多学科环境中应用。

⑬ 沟通:能够就复杂工程问题与业界同行及社会进行有效沟通和交流,包括撰写报告和设计文稿、陈述发言、清晰表达或回应。

素质方面:

⑭ 终身学习:具有自主学习和终身学习的意识,能不断学习和适应发展。

⑮ 职业规范:具有人文社会科学素养、社会责任感,能够在实践中理解并遵守工程职业道德和规范,履行责任。

⑯ 创新意识:能够在复杂工程问题的设计环节中体现创新意识。

⑰ 国际视野:能够在跨文化背景下进行沟通和交流。

3.4 毕业要求与培养目标的支持关系分析

毕业要求制定完成后,需要分析其是否能支撑培养目标。一个方法是将对培养目标的论述转换成若干培养目标子项,然后通过建立培养目标与毕业要求关系矩阵来判定所制定的毕业要求是否能有效支撑培养目标。

假设培养目标被分解为如下的 3 个培养目标子项。

目标子项 1:具备开发大型信息系统的能力。

目标子项 2:具有较强的创新意识、科学研究能力和工程实践能力。

目标子项 3:具有一定的国际视野。

结合前述的毕业要求,我们可以构造出如表 3-1 所示的培养目标与毕业要求关系矩阵。不难看出,3 个培养目标子

表 3-1　培养目标与毕业要求关系矩阵

	目标子项 1	目标子项 2	目标子项 3
毕业要求⑥	✓		
毕业要求⑦	✓	✓	
毕业要求⑧	✓	✓	
毕业要求⑨	✓	✓	
毕业要求⑩			✓
毕业要求⑬			✓
毕业要求⑭			✓

项均有相应的毕业要求与之对应。

需要说明的是,在分析培养目标与毕业要求的关系时,我们要认识到以下两点。

1. 达成

培养目标是以学生毕业若干年后的成就为制定依据,因此培养目标的达成不仅涉及本科教育阶段,还与毕业生的后期个人努力密切相关。这就意味着,不可能所有的培养目标子项都能在毕业时达成。当然,本科阶段教育对于培养目标达成具有核心作用。

与培养目标不同,毕业要求则在本科教育阶段结束后就必须具备的,因此学生在毕业时就必须达成。

2. 支撑

正是由于培养目标的达成还与毕业生的后期个人努力有关,因此这就意味着,对于某些培养目标子项,即使有毕业要求与其对应并且毕业要求也达成了,也难以确保该培养目标子项在未来必然达成。一般来说,毕业要求能够在整体上支撑培养目标达成即可。

3.5 毕业要求与工程教育专业认证标准的对应关系

虽然本《指南》写作目的并非旨在帮助专业通过工程教育专业认证,但考虑到国内相当多的计算机专业正在或准备通过工程教育专业认证的现实,因此本小节概要阐述两者的关系。

从专业建设的角度,各专业可以用自定义的毕业要求作为建设的依据;但从专业认证的角度,各专业则必须回应自定义的毕业要求是否符合工程教育专业认证 12 条标准。

一个简单可行的办法就是给出一个自定义的毕业要求与 12 条标准的对应关系及分析。为了通过工程教育专业认证,专业自定义的毕业要求必须全面覆盖标准。如果自定义的毕业要求高于标准,则我们建议应该予以明确指出并做相应的解读。表 3-2 给出上述对应关系矩阵的示意。

表 3-2 自定义毕业要求与标准的关系矩阵

要求＼标准	标准 1	标准 2	⋯	标准 11	标准 12
毕业要求①	✓				
毕业要求②	✓			✓	强
⋮		✓		强	✓
毕业要求 N					

注:本表仅仅是一个示意,并不代表真正的对应关系。

3.6　毕业要求中的复杂工程问题

在前文毕业要求参考内容中,多次出现"复杂工程问题"这一术语。纵观毕业要求参考内容,不难看出,其所表达的核心诉求之一是要求毕业生应具有解决"复杂工程问题"的基本能力。这一能力必须通过合理分解,落实到培养体系的各个相应环节。

3.6.1　复杂工程问题的 7 个特征

所谓"复杂工程问题",是指具备下述特征①并且具备下述特征②～⑦部分或全部:

① 必须运用深入的工程原理,经过分析才可能得到解决;

② 涉及多方面的技术、工程和其他因素,并可能相互有一定冲突;

③ 需要通过建立合适的抽象模型才能解决,在建模过程中需要体现出创造性;

④ 不是仅靠常用方法就可以完全解决的;

⑤ 问题中涉及的因素可能没有完全包含在专业工程实践的标准和规范中;

⑥ 问题相关各方利益不完全一致;

⑦ 具有较高的综合性,包含多个相互关联的子问题。

3.6.2　复杂工程问题对教学体系设计的指导意义

深入理解复杂工程问题的 7 个特征,是教学体系设计的关键之一。以下逐条阐述每个特征的理解要点以及在教学体系设计中所应采取的对策及注意事项。

特征 1:必须运用深入的工程原理,经过分析才可能得到解决。

这条明确了要从"掌握知识"提升至"应用知识"的高度,即让学生形成能力是人才培养的核心诉求。该条的关键在于"深入"两字,即要求所针对的问题不是简单套用所学原理(或基础知识)就能解决的,而是必须经过分析和综合才可能解决的。

对于教学体系设计来说,在理论教学环节中除了应包括足够宽度和深度的基本原理(也就是基础知识),还应包含分析问题的思考方法,并尤其注重具有"一般性""普遍性"指导意义的思考方法;在实践教学环节中,应有针对性地设计和构造相应的问题对象,使得学生具有运用知识解决问题的实践经历,从而达到知行合一,切实达到培养能力的初衷。

特征 2:涉及多方面的技术、工程和其他因素,并可能相互有一定冲突。

　　大量现代工程问题是单一技术、工程无法解决的,必须综合运用多种技术与工程才能解决。此外,在解决具体问题时,必须考虑大量实际工程问题。例如,一个高性能的数学运算库,必须能主动探测与分析 CPU 的缓存架构并有针对性地调整内部算法流程和关键参数。同时,多种技术、工程等因素综合在一起时,并不总是和谐一致的,设计师为此必须学会协调与折中。

　　对于教学体系设计来说,首先应该在本专业设置较为宽泛的课程体系并鼓励学生选修跨专业课程以拓宽学生的知识面;其次对于具体课程也应要求具有知识面宽的特征;第三应在教学过程中注重对多种相关技术进行对比分析。类似的,在实践教学环节构造问题对象时,也应尽可能地在上述方面有所体现。

　　特征 3：需要通过建立合适的抽象模型才能解决,在建模过程中需要体现出创造性。

　　由于现代工程问题的复杂性,因此基于模型的开发方法已经成为解决现代工程问题的基本方法学。这就要求工程技术人员必须能够透过纷杂的现象把握问题的本质,有针对性地选择和构造适用的抽象模型,并基于该抽象模型进行工程实践。

　　对于教学体系设计来说,要注重培养学生理解、选择和构造抽象模型、掌握层次间模型转换方法以及基于模型开展工程实施。在理论教学环节中应注重数学、自然科学以及专业基础理论中的基本知识和典型模型在工程领域的应用,注重培养学生用形式化或半形式化方法描述问题和建模,在实践教学环节要让学生在实验或实践过程中能够经历较为完整的基于模型的开发经历(如对问题的提炼、定义、建模、分析、实施等)。

特征 4:不是仅靠常用方法就可以完全解决的。

传统的、常规的工程方法有时难以全面、妥善地应对在现代工程问题的复杂性。例如,考虑一个基于云服务的在线编辑工具,除提供常规编辑功能外,还必须考虑断线后本地是否能继续编辑以及网络恢复后的数据同步问题。很多时候,我们必须在全局或局部寻找一些新思路和新方法。这种突破,既可能由本学科、本专业领域内的创新来达到,也可能通过多学科跨专业交叉融合来达到。

对于教学体系设计来说,特别是对实践教学环节来说,要注重构造设计型、综合型、创新型甚至挑战型的作业训练体系或实验体系,使得学生必须面对并解决一些在课程教学环节中没有讲授过的问题,并在体系设计中注重让学生循序渐进地达成教学目标。

特征 5:问题中涉及的因素可能没有完全包含在专业工程实践的标准和规范中。

现代工程问题往往涉及大量专业标准和规范尚未包含

或无法包含的内容。例如,考虑仅装备了低功耗嵌入式CPU的无人机在高速运动中处理图像,则不仅所采集的图像存在非标准情况,同时也必须针对嵌入式处理器的计算能力简化已有图像处理算法。不仅如此,现代工程问题通常是一个多因素的综合体,不仅含有技术要素,还往往包含管理、经济、法律、社会等要素。虽然该条与前条均着眼于求解复杂工程问题中创新的重要性,但是本条更多地侧重于由于现代工程问题中的"不确定性"而需要的创新。

对于教学体系设计来说,应注重培养学生结合工程问题的具体需求与各种约束,灵活运用所学知识与方法,并在实践过程中统筹考虑管理、经济、法律及社会等要素。

特征 6:问题相关各方利益不完全一致。

对于现代工程而言,无论是其技术体系内部,还是其与社会、经济、道德等均会存在大量的冲突。例如,处理器的性能与功耗、手机电池的重量与容量均是此消彼长的矛盾。再如手机屏幕的尺寸、分辨率、响应速度、功耗、成本等会构成更为复杂的设计诉求关联。平衡要素之间以及局部与全局之间的利益关系,往往是现代工程的成败关键因素之一。

对于教学体系设计来说,应注重让学生了解系统设计均衡性与必要的局部妥协的重要性,理解局部优化与全局优化的关系,认识工程的实施与运行会对社会、产业乃至自然所产生的影响,并在解决方案中考虑社会、安全、法律、文化等因素。

特征 7：具有较高的综合性，包含多个相互关联的子问题。

现代工程问题的综合性表现在如下方面。首先是系统构成的综合性，即系统由数量众多的子系统通过复杂的交联关系构成，并可以采用这种方法进行重复的多层次分解与综合。其次是在技术层面往往需要多学科知识交叉才能较好地解决问题。最后，现代工程问题往往包含管理、经济、法律、社会等要素，特别是人文相关要素在现代工程中作用日益重要。

对于教学体系设计来说，应高度重视所构造的问题对象的规模和综合程度等因素，培养学生具有良好的系统观念，能够从系统的高度认识问题，注重问题求解的层次化，能合理地分解问题对象的各组成要素，并理清诸要素之间的作用关系，从而既能在问题空间中进行全面细致的思考，又能紧紧把握问题空间层次间的主要逻辑线索以及各关键节点。

3.7 毕业要求中的非技术能力与素质

由于现代工程与社会、经济、产业、环境、法律、道德等要素的关联日益密切，因此相对于传统工程技术人才主要着眼于解决具体技术问题而言,现代工程技术人才在解决具体技术问题时,除了应具有更加广阔的视野和良好的沟通技巧外,还必须重视技术因素与社会、经济、法律、道德等多种非技术因素之间的关联关系。

为此,毕业要求参考内容的第⑨~⑰条均着眼于毕业生的非技术能力与素质,这表明其与非技术能力是同等重要。

大体上,这些非技术要求可以划分为3大类。一类为经济和社会效益相关,一类为社会、环境等工程实施的外部约束,一类为道德、法律等社会伦理和价值取向。这些非技术能力与素质的培养,不能仅依靠实习或毕业设计来实现,更需要将其融入到大量的课程教学环节,在知识传授的同时注重这类能力的训练和素质的提升。例如,结合特定的案例,讨论所讲授的技术与经济社会效益、外部约束、社会伦理和价值取向的关联关系(如依存关系、冲突关系等)。

第4章 课程体系

4.1 课程体系的作用与内涵

课程是指教学过程中的一个学习单位,学生通常在每学期选择几门课程,通过课程评估后,获得成绩和学分。

每一门课程都要制定课程的目标。课程目标需要与毕业要求指标点有明确的对应关系,从而能够支撑全部毕业要求。课程目标需要分解细化,并能够落实到相应教学章节,确实让教师和学生"能懂",确实可以判定是否达成,并以教学大纲形式固化,从而保证执行的规范化。

课程体系是学生在整个大学期间所学课程的集合。课程体系所含的课程可分为四大类,即数学与自然科学类课程、工程基础类和专业基础类及专业类课程、工程实践与毕业设计、人文社会科学类通识教育课程。在工程教育认证标准以及计算机类专业补充标准中,对这四大类课程的具体要求做了比较详细的说明。

毕业要求的达成,完全依靠课程体系的支持。因而,从内涵上,课程体系要涵盖知识、能力、素质三个方面,从而与毕业要求相适应。具体到每一门课程，都会相应地承担一定的知识、能力、素质的支撑任务。

4.2 课程体系与知识

知识是课程体系中的基础组成部分。知识可以采用知识体系（knowledge body）来组织，由一系列的知识领域（knowledge area）组成，每个知识领域代表一个知识主题，比如算法与复杂性、体系结构与组织、信息管理等。在本《指南》中，定义了知识集群（knowledge cluster）的概念。知识集群由相关性强的若干知识领域组成，描述某个方面的系统性的知识，比如计算平台、问题求解，等等。

每个知识领域又进一步划分为若干知识单元（knowledge unit）。比如，对于知识领域"算法与复杂性"，划分的知识单元包括基础分析、算法策略、基础数据结构与算法、基础自动机与可计算性及复杂度、高级计算复杂度、高级自动机理论及可计算性、高级数据结构与算法及分析，等等。

每个知识单元可包含一系列知识点（topic）和预期的学习成果（learning outcome）。知识点可划分为基本、推荐、可选等三类。每项学习成果有一个掌握程度的要求，可划分为三种层次：熟悉、运用、评估。不同特色的计算机科学与技术专业，对同一知识单元要求掌握的程度应有不同。学校和专业需要根据各自的毕业要求，做相应取舍，以构建与毕业要求相适应的课程体系。

知识体系的层次组织结构，是一种组织相关信息的有效的方式。但是，知识领域和课程，通常不是直接关联，而是一种多对多的关系。在不同的学校和专业，同一个知识领域或知识单元的内容，可能包含在不同的课程里面；而每一门课程，也通常包含不同知识领域和知识单元的内容。

需要注意的是，知识领域之间通常是互相关联的，如某个知识领域的概念可能构建在其他知识领域之上，因此必须把知识体系看作一个整体，而不能割裂地去看待某一个特定的知识领域。

附录 B 中列出了知识体系组织的示例。

4.3　课程体系与能力

能力培养是课程体系的基本目标之一。计算机科学与技术专业毕业生应当具备的能力，包括问题分析、设计/开发解决方案、研究、使用现代工具、掌控工程与社会、保持环境与可持续发展以及正确处理个人与团队的关系、项目管理、良好沟通等。

能力需要训练才可以获得,能力的培养和评价,与知识的培养、评价有很大差异。相对于通过课堂教学传授知识,能力的培养更多是通过学生动脑、动手等实践环节进行,这些环节包括课程作业、课程实验、课程设计、毕业实习、毕业设计、科技创新、社会实践等。在这些实践环节的教学大纲、考核方案中,必须从实质内容上有效支撑能力的具体要求。

以"设计/开发解决方案"能力为例,该项能力要求学生能够设计针对复杂工程问题的解决方案,设计满足特定需求的系统、单元(部件)或工艺流程,并能够在设计环节中体现创新意识,考虑社会、健康、安全、法律、文化以及环境等因素。这项能力的培养,可以通过一些课程的课程设计来训练达成。因此,这些课程设计的教学大纲、考核方案,就必须能够支撑"针对复杂工程问题设计解决方案""体现创新意识""考虑各种因素"等各项要求。

4.4 课程体系与素质

对于毕业生来说,素质与知识、能力一样,不可或缺。计算机科学与技术专业应当具备的素质,包括遵循职业规范、终身学习等。

素质的培养,比知识和能力的培养更加困难。它需要一个熏陶和积累的过程,往往和知识传授、能力培养融汇在一起,既可以通过课堂传授进行,也可以通过实践环节进行。素质的评价更加具有难度,需要尽量将其转换为行为指标进行评价,在支持素质培养的相关课程的教学大纲、考核方案中,必须从实质内容上全面地支撑素质的具体要求。

以"遵循职业规范"素质为例,该项素质要求学生具有人文社会科学素养、社会责任感,能够在工程实践中理解并遵守工程职业道德和规范,履行责任。这项素质的培养,可以通过相关课程中有关职业规范的内容讲授。例如,在人文社会科学通识教育课程、计算机导论、信息安全等课程中,可以教育学生具备人文社会科学素养和社会责任感,遵守计算机系统有关安全和隐私方面的职业道德和规范。同样的,在相关课程的教学大纲、考核方案里面,都必须设计相关内容以有效支撑该项素质的各项要求。

4.5　课程体系如何支撑毕业要求

课程体系需要对毕业要求形成完全的支撑。具体到每门课程,课程目标需要与毕业要求指标点有明确的对应关系,以矩阵形式来表示其对毕业要求指标点的支撑关系。

课程对各项毕业要求指标点的支撑强度可以分别用 H
(高)、M(中)、L(弱)表示(支撑强度代表该课程和毕业要求
指标点的关联程度)。表 4-1 给出了一个参考示例。

　　课程目标表述应足够明确,要可评价、可测量,要足以
"导向"课程教学过程。课程目标应分解细化,并落实到相
应教学章节,所有的课程目标均应有充分的教学内容支撑。
课程中对知识、能力、素质的要求,必须完全覆盖课程目标
中的要求,教学方式的选择应服务课程目标实现,确实可以
判定是否达成。课程目标须以教学大纲形式固化,保证执
行的规范化。表 4-2 给出一个参考示例,以两门课程支撑
工程教育专业认证标准的毕业要求①和毕业要求③
为例①。

　　需要说明的是,通过在学校的一般性学习体验,学生可
以获得一些软技能和个人特质,比如耐心、时间管理、工作
伦理、欣赏多元化等,其他能力主要是通过特定的课程获
得。确定课程目标并围绕课程目标进行教学内容和环节的
设计是非常重要的工作。表 4-3 给出了针对不同的课程目
标提供多种类型教学环节的示例。

---

　　①　毕业要求指标点的分解示例,引用自陈道蓄教授的工程教
育专业认证培训资料。

表 4-1　毕业要求指标点与课程体系的关系矩阵

课程名称	毕业要求①						毕业要求②				毕业要求③						...	毕业要求 N		
	1-1	1-2	1-3	1-4	1-5	1-6	2-1	2-2	2-3	2-4	3-1	3-2	3-3	3-4	3-5	3-6		N-1	N-2	N-3
课程 1			M									H		L		M			H	
课程 2		L	H					M		H					H					M
课程 3					M								H						H	
...																				
课程 K				L			M						H			M		L		

表 4-2　课程目标对毕业要求指标点的支撑

毕业要求		毕业要求指标点	操作系统课程目标	数据库系统课程目标
1. 工程知识：能够将数学、自然科学、工程基础和专业知识用于解决复杂工程问题	1-1	基本语言及其应用		
	1-2	基本模型的建立与表现	熟悉操作系统软件的运行方式，掌握操作系统中的基本概念和方法，理解系统的架构和实现机制	掌握数据库系统的基本原理和基本技术，掌握数据库事务处理，并开发与恢复的基本技术，掌握数据库查询和处理优化的概念和技术
	1-3	利用模型解决问题	能够熟练使用操作系统，并在操作系统提供的支撑环境的基础上开发软件	能够熟练使用 SQL 语言进行数据库操作
	1-4	模型的分析与评价		
	1-5	复杂性控制与权衡		
	1-6	模型的局限性分析		

续表

毕业要求	毕业要求指标点	操作系统课程目标	数据库系统课程目标
3. 设计/开发解决方案：能够设计针对复杂工程问题的解决方案，设计满足特定需求的系统、单元（部件）或工艺流程，并能够在设计环节中体现创新意识，考虑社会、健康、安全、法律、文化以及环境等因素	3-1 设计基础：原理与语言	能够从计算机系统的角度理解操作系统的行为，从计算机科学的角度理解操作系统所采用的各种结构和算法	
	3-2 功能设计		掌握数据库设计的方法和步骤，能够在软件项目中进行数据库模式设计
	3-3 系统设计		
	3-4 工程设计		
	3-5 设计分析与评价		
	3-6 设计中的创新		

表 4-3　教学环节对课程目标的支撑

序号	课程目标	教学环节			
		授课	讨论	案例	作业
1	熟悉操作系统软件的运行方式,掌握操作系统中的基本概念和方法,理解系统的架构和实现机制	+	+		+
2	能够熟练使用操作系统,并在操作系统提供的支撑环境的基础上开发软件	+			+
3	能够从计算机系统的角度理解操作系统的行为,从计算机科学的角度理解操作系统所采用的各种结构和算法	+	+	+	+

还有一项非常重要的工作,就是证明课程的确实现了对毕业要求的支撑。常用的证明方法是提供有效的课程考核和完善的课程评价。

课程考核的设计原则是围绕课程目标,依据教学环节逐项考核,所有课程目标和教学环节均需要有适宜的考核方式。每一项考核都需有明确的评分标准,考核权重应与教学内容相匹配,保证考核能够有效地考量学生学习目标的实现程度。

由于实践环节承担了许多非技术性的能力和素质的训练,考核标准有时难以确定,成绩的随意性相对较大,考核的有效性会受到影响。因此,对实践环节的考核,通常需要采用多维度的量化。例如,将学生在实验过程中是否严格遵守了实验规程,作为学生"遵循职业规范"素质是否达成的考核维度之一。

课程评价,是一种定性的证明方法,通过学生定期评教、教师定期评学,来判定课程目标的达成情况,并根据反馈情况,进行有效的持续改进。

4.6　课程群的组织

课程群是把具有相关性或一定目的的多门课程编排到一起,组成一个"群",进行系统地教授和学习。

在制定培养方案时,需要有课程群的意识和思维。以课程群的方式来组织课程体系,对于达成 OBE 和以学生为中心的人才培养理念,有非常积极的建设性作用。课程群模式使得确定课程之间的先修关系和内容衔接更容易,便于循序渐进地安排教学计划,使学生在某个领域的能力和素质持续得到提升。同时,该模式还有利于实现课程的融合,并合理地减少学时数。

课程体系可以由基本课程群和特色课程群构成。各专业均应当涵盖基本课程群。当然,由于不同学校专业的培养目标和毕业要求不同,在具体课程目标上所要求的层次(深度)可以是不一样的。特色课程群,依据本专业的学科特色构建,不同学校可以有相对大的差别。

课程群的设计可以参考和依据知识集群进行,既可以与知识集群保持一致,也可以有所区别。本《指南》建议将计算平台、问题求解、数据科学列为基本课程群。计算平台课程群涵盖计算机组成、操作系统、编译原理等系统类课程,问题求解课程群涵盖离散结构、程序设计、数据结构与算法等计算类课程,数据科学课程群涵盖数据库系统、大数据机器学习、人工智能等数据类课程。特色课程群依据本专业特色来规划,如数字媒体课程群、信息安全课程群、嵌入式系统课程群,等等。图 4-1 给出了课程群之间的关系示意。

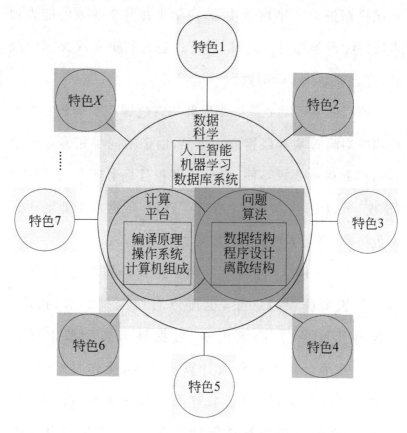

图 4-1　课程群组织示意图

4.7　课程体系的建设过程

课程体系是培养方案的核心内容,课程体系应当采用结构化的流程来制定。

在课程体系制定之前,首先需要确定培养目标和毕业要求,对毕业要求指标点进行分解。在课程体系建设过程中,需要与任课教师进行充分地沟通,建议有企业或行业专家参与。

下面的步骤通常需要多次迭代。

① 围绕支撑毕业要求指标点,结合本专业的学科和师资特色,并参考计算机科学与技术知识体系,构建基本课程群和特色课程群。对每一门课程,规范课程大纲,明确课程目标,并将每门课程与毕业要求指标点进行对应。

② 征求任课教师、企业或行业专家的意见,对课程大纲、课程考核方案,能否有足够的强度支撑毕业要求指标点,进行充分的评估。

③ 形成基本方案之后,提交评审委员会审议。根据反馈的意见进行修订。建议评审委员会成员中有校外专家。

④ 颁布实施后,对教学过程进行追踪,依据考核和评价结果所反映的毕业要求达成度情况,对课程体系进行持续改进。

4.8 对不同类型学校专业的个性化建议

各个学校应当根据各自的人才培养目标和毕业要求,通过选择不同知识单元中的知识点,来构建不同深度和广度的课程。例如,研究型大学的课程应该涵盖更加广泛的知识单元和知识点,包含更多可选和推荐的知识点,在能力要求上更加强调研究性和创新性。培养应用人才为主的高校,可以只选择部分重要的知识单元和基本的知识点,在能力要求上更加侧重于应用实践。

不同的课程体系设计,对师资、支撑条件有不同的要求,课程体系的制定必须要考虑本专业的师资队伍和支撑条件能否满足。师资队伍要求包括专业背景、工程背景、教师提升机会等,支撑条件要求涉及教室、专业资料、实验条件、实践基地、教学经费、教学管理服务等。对于不同类型的学校,应当面向本专业的课程目标的达成,在师资和支撑条件上达到不同的标准。需要强调的是,高质量的教辅人员(含实验指导教师、助教学生等)和立体化教学资源(例如MOOC 等在线课程),是确保达成课程目标的重要手段。不同类型的学校专业,都应当关注这些支撑条件的建设及其应用。

第5章 评价与持续改进

5.1 评价与持续改进的要素

本章介绍计算机科学与技术专业培养方案的编制和执行过程中各环节评价方法以及持续改进机制,包括培养目标、毕业要求和课程体系等方面。

各环节的评价与持续改进需遵循以下三个要素:

① 有公开的评价和过程质量监控机制。包括各环节评价的责任人、评价对象、评价周期、评价方式、评价内容、评价结果等。

② 有明确的质量要求。各环节均应有明确的质量要求,通过教学环节、过程监控和质量评价促进各环节目标的达成。

③ 评价结果能被用于专业各环节的持续改进。培养目标、毕业要求以及课程体系等的评价结果能被用于专业培养方案的修订及各教学环节的改进。

5.2 培养目标的评价与持续改进

专业能够定期评价培养目标的合理性,并根据评价结果对培养目标进行修订,评价与修订过程有行业或企业专家参与。

5.2.1 培养目标的评价机制

专业需建立有效的毕业生跟踪反馈机制以及有高等教育系统以外有关各方参与的社会评价机制。

由专业负责人组织某个委员会进行培养目标的评价,成员包括专业教师代表、行业或企业专家等。建议每 2～4 年进行一次培养目标合理性评价。通过对毕业 5 年左右的校友、主要用人单位进行座谈或问卷调查,了解毕业生在社会与专业领域取得的成就,检验培养目标的合理性。

5.2.2 培养目标的评价方法与要求

培养目标的评价需要有足够的覆盖面,不能仅针对部分有成就的毕业生和个别特定的用人单位。

座谈会、问卷调查内容需针对培养目标的描述展开,通过定性、定量的方式进行评价。评价中既需了解现有培养目标的合理性程度,也可同时了解用人单位、毕业生对培养目标的改进意见,为培养方案修订提供依据。

培养目标的评价主要依托毕业生跟踪反馈和各方参与的社会评价。主要评价内容包括:

① 学生毕业后 5 年左右在社会与专业领域取得的成就与培养目标描述的一致性;

② 用人单位通过对聘用毕业生的跟踪,客观评价毕业生的能力素养层次与培养目标描述的一致性;

③ 行业、企业专家结合社会需求、行业要求评价现有培养目标描述的合理性;

④ 高校专家结合学校的办学定位、学科发展评价现有培养目标描述的合理性。

其中,调查问卷可以围绕知识评价、能力评价、素养评价展开,采用五级打分的定量方法。具体内容如下:

① 知识评价可包括自然科学知识、人文社科知识、专业领域知识、跨学科跨专业知识、研究方法论知识等;

② 能力评价可包括学习认知能力、工程实践能力、研究能力、创意创新能力、表达能力、团队合作、组织管理、领域洞察力、分析解决问题能力等;

③ 素养评价可包括科学素质、人文修养、国际视野、法律与职业道德、社会责任、忠诚奉献、诚实守信、事业心与担当精神、环境与可持续发展、心理承受与调节、终身学习等。

培养目标的评价一般在座谈、调查的基础上给出定量的分析报告和定性的评价报告。

5.2.3 培养目标的持续改进

专业负责人组织某个委员会针对培养目标评价报告，形成培养目标的评价结论。专业根据评价结果，并综合教学环节的评价结果，修改或调整培养方案中的培养目标，使之更符合专业的办学定位、学科发展、社会需求，促进专业培养的人才满足国家、社会、行业和企业等多方面的需要。

5.3 毕业要求的评价与持续改进

专业应通过评价证明毕业要求的达成。这里所谓证明，包含了三个方面：一是培养方案制定时合理分解毕业要求到可度量的若干指标点；二是培养方案制定时能够明确指出每一项毕业要求及指标点是通过哪些具体的教学活动来实施的；三是培养方案实施时能够提出证据说明每一个活动有合理的评价方式，对每个学生给出是否达到要求的评价结论。

需要强调的是：①毕业要求达成评价的目的是为了持续改进。②持续改进需要基于恰当且充分的评价。③改进是持续性过程，需形成闭环。对改进措施要跟踪评价，直到问题解决或确认措施有效。

5.3.1 毕业要求的评价机制

毕业要求达成的评价机制主要包括评价的机构与人员、评价原理与依据、评价的周期与成果以及评价的合格标准。

1. 评价的机构与人员

毕业要求达成评价工作涉及多项工作内容,为此专业需要统筹规划并组织实施。由于每个学校每个专业均有各自的专业建设管理体系与工作制度,本《指南》仅给出一个一般性的参考方案,参见表 5-1。

表 5-1　评价工作与评价机构人员

评价工作项	参与人员或机构
制定评价标准与方法,审核毕业要求指标点分解的合理性	专业负责人、专门组织(如某个委员会) 【建议】如果一个院系有多个专业,由院系分管教学的总负责人领导该项工作会更有利于工作开展
制定指标点/课程体系的关系矩阵	专业负责人、专门组织(如某个委员会) 【建议】课程负责人如能参与此项工作,则能更好地结合课程教学设计与运行的实际情况以及课程当前正在承担的教学改革的具体情况,更有利于确保关系矩阵的合理性
课程达成度分析	课程负责人、任课教师
毕业要求达成度分析	专业负责人

由表 5-1 可见,课程达成度是整个评价工作的基础与主

体工作。要求各课程负责人必须对毕业要求达成评价工作有基本的认识,并承担相应的分析与计算工作。

2. 评价原理及依据

毕业要求达成评价工作的主体是对课程教学的评价。这种评价通常是通过分析课程的考试、作业、实验等环节设置的考查点与毕业要求中对知识、能力和素质培养等方面的吻合性、成绩分布的合理性、考核难易程度、试卷抽样分析等进行分析与评价。

调查问卷是另一种应用较为广泛的评价工作。例如通过应届毕业生的调查问卷了解毕业生能力达成度的自我评价;通过往届校友的调查问卷了解毕业生知识、能力和素养对各自岗位的支持程度;通过用人单位调查问卷跟踪用人单位对毕业生知识、能力和素养的要求程度。

3. 评价周期

在学生毕业时,完成各项毕业要求指标的达成度评价,根据各项毕业要求达成度评价值,判定学生的毕业要求达成情况。可见,毕业要求达成度评价周期为1年。

为保证专业教学质量,一般要求课程教学评价应以课程实施周期为周期。例如某门课程每年运行一次,则其达成度评价周期为1年。

4. 评价形成的成果

评价成果主要包括两方面的内容:

- 课程达成度。通常来说,由于毕业要求被分解为若干个指标点,因此课程达成度评价就是评价课程对于指标点达成度的情况。一门课程支撑的毕业要求指标点均需要被评价。
- 各项毕业要求达成度评价结果表。毕业要求达成度取决于该项毕业要求的各个指标点达成度的结果。

根据各项毕业要求达成度评价值,由此判定本届学生对于毕业要求的达成情况,明确是否"达成"。

5. 评价合格标准

毕业要求达成度计算结果介于 $\{0,1\}$ 之间。类似于需要设置课程考试及格线,各专业需要为毕业要求是否达成设置一个相应的合格标准,例如 0.7。如果最终计算结果大于等于该合格标准值,则视为本项指标达成。该合格标准取值应由某个组织来确定,如院系的指导委员会。

5.3.2　毕业要求的评价方法与要求

评价学习效果包括直接评价和间接评价两种方式。其中,直接评价是通过直接观察或检查成效来评价毕业要求指标点的达成情况,其方式包括作业、测验、考试、实验或实践、第三方专业证书考试、专题报告、实习单位考核等等。间接评价多为意见调查或自我陈述,包括访谈、问卷调查等,来间接推估学生学习成果,其方式包括书面调查和问卷调查、访谈、专题讨论。

虽然毕业能力达成评价时应尽量采用直接评价方法,但并不排斥间接评价,甚至应该注重两者的结合。例如,通过对访谈这类间接评价方式在内容上的精心设计,使其包含直接评价相关内容,这样更有利于形成较为完整、可信的评价结果和证据链。

1. 评价方法

（1）课程达成度评价方法

课程达成度评价是指根据学生在各考核环节的考核结果（包括试卷、大作业、报告、课程设计等）计算课程对某个毕业要求指标点的达成度。其一般性计算方法如下：

课程达成度

$$= 课程支撑强度 \times \frac{\sum 考核环节平均分 \times 考核环节权重}{\sum 考核环节应得分 \times 考核环节权重}$$

其中,

- 课程支撑强度：课程对某个指标点的支撑强度。

- 考核环节应得分：某个考核环节设置的分值。例如,对应某个指标点的某道试题的分值为 10 分,则其应得分为 10 分。

- 考核环节权重:该考核环节在本门课程中对该指标点的占比。例如平时作业占 30%,则相应的权重就是 30%。

- 考核环节平均分:在某个考核环节中样本学生的平均分。一般来说,对于专业必修课,样本空间应为全体学生。

下面以一门假想课程为例说明计算方法,具体数据见表 5-2。

表 5-2　课程考核环节数据统计

序号	考核环节	权重/%	应得分	平均分
1	试题 1	70	10	9.33
2	试题 3	70	10	8.31
3	试题 5	70	10	7.59
4	试题 7	70	10	7.77
5	平时作业	30	100	78.94

假设该课程对应毕业要求的指标点 1.3 且支撑强度为 0.1,其考核环节仅包括期末考试和平时作业两部分,两者在该课程最终总得分的权重为 0.7(70%)和 0.3(30%)。期

末考试试题中有 4 道题目支撑指标点 1.3,平时作业均能支撑指标点 1.3。根据如下考核数据,可以计算出该课程对指标点 1.3 的达成度为 0.081。

（2）毕业要求指标点达成度评价方法

规定毕业要求各指标点达成度的目标值为 1,各指标点达成度计算方法如下：

$$指标点达成度 = \sum 支撑课程达成度$$

（3）毕业要求达成度评价方法

由于每条毕业要求由多个指标点构成,因此各指标点达成度的最低值决定了该项毕业要求的达成度。毕业要求达成度计算方法如下：

$$毕业要求达成度 = \min\{各指标点达成度\}$$

有了毕业要求达成度计算值,再依据前述的合格标准就可以判定该项毕业要求达成与否。

（4）总体毕业要求达成度评价方法

类似于上述单条毕业要求达成度的计算方法,根据下面的方法计算出毕业要求总达成度,并根据毕业要求总达成度判定所有毕业要求达成与否。

$$毕业要求总达成度 = \min\{各毕业要求达成度\}$$

2. 需注意的主要问题

毕业要求达成分析方面需要注意如下问题：

（1）毕业要求达成标准存在模糊或缺失

下面通过团队合作这个例子来说明评价标准的模糊问题。团队合作能力的培养必须通过团队项目开发来培养。过去,往往是以是否参加了团队项目来得出"培养了团队合作能力"这一结论。如果参加了团队项目,就认为该项毕业要求得到了支撑。但事实上,团队中的学生表现通常具有很大的差异。有时甚至出现"抱粗腿"现象,即团队中一个或少数主力成员对项目贡献很大,而且其他成员则贡献偏少。

由此可见,如果不能明确定义团队合作中的若干具体行为及其评价标准,就无法有效地评价每位学生的达成情况,也就无法有效评价该项毕业要求的达成情况。专业负责人或者授课教师应对此有清醒的认识。

（2）课程评价的合理性

在课程评价的合理性方面,至少关注如下方面:

① 考核环节的形式是否合理,例如除了期末考试外,是否采用课内测试、设计或大作业的形式考核学生是否获取该条指标点所列能力。

② 考核内容是否完整体现了对相应毕业要求指标点的考核,如试题题型、难度、分值、知识点覆盖面等。

③ 考核环节的结果判定是否严格,如是否存在得分过低或很高的极端现象。如果存在此类现象,需要进一步分

析具体成因,以便为后续教学轮次改进提供依据。

5.3.3　毕业要求的持续改进

毕业要求达成度计算并非是专业教学的最终目标,更不能走向数字游戏。

专业负责人需根据毕业要求达成度分析结果、教学环节评价结果、毕业生跟踪反馈和社会评价反馈的综合分析,定期召集课程负责人商讨培养方案中毕业要求及指标点的调整或修改意见,以期更有利于各项知识、能力和素养要求的达成。

课程教师需根据毕业要求达成情况,分析本门课程对毕业要求达成的支撑度,采取相关教学方式方法改革,促进学生在掌握专业知识的基础上,能够实现能力、素养提升。

5.4　课程的评价与持续改进

课程各教学环节设置应能够支持相应知识体系的建立和毕业要求的达成。课程的评价是毕业要求评价的基础,是专业建设质量保障的关键。

各主要教学环节有明确的质量要求,通过教学环节、过程监控和质量评价促进毕业要求的达成;定期进行课程设置和教学质量的评价。

毕业要求评价一节中已涉及课程评价的相关内容,本节将在此基础上,针对课程评价的具体细节做适当补充说明。

5.4.1 课程的评价机制

课程评价是培养方案评价的基础,主要依靠课程负责人与任课教师完成该项工作。要求各课程责任人必须对毕业要求达成评价工作有基本的认识,并承担相应的分析与计算工作。在条件许可的情况下,建议引入第三方评价机制,由同类同层次高校相同或相近专业的课程责任教师互评。

对课程教学的评价通常是通过分析课程的考试、作业、实验等环节设置的考查点与毕业要求中对知识、能力和素质培养等方面的吻合性、成绩分布的合理性、考核难易程度、试卷抽样分析等进行分析与评价。

为保证专业教学质量,一般要求课程评价应以课程实施周期为周期,例如一门课程每年运行一次,则其达成度评价周期为1年。

5.4.2 课程的评价方法与要求

课程评价的关键点在于通过以学生中心的学习效果评价实现课程质量评价,而不是以教师为中心的授课质量评价。

课程达成度评价的具体方法已在上一节描述,本节重点论述课程评价的要求。

1. 课程评价的基本要求

课程质量评价的基本步骤如下:

① 检查课程教学大纲对毕业要求的支撑程度。教学大纲需根据课程支持的毕业要求指标点具体化得到课程的教学目标,任课教师与学生需对教学目标有清晰明确的认识。建议进一步细化到每节课的课堂教学目标。

② 检查课程教学过程对教学目标的支撑程度。检查教学的过程记录,是否通过课程讲授、作业、提问、分组讨论、书面报告、实验、演示、测验、考试等多种方式实现了对教学目标中知识、能力和素养的支撑。引导课程教学从知识传授转向基于知识运用的能力和素养培养。

③ 检查课程考查环节对教学目标的支撑程度。检查课程的考核环节是否从教学大纲中的"说到"变为真正的"做到"。特别是试题的组织形式和方式、实验项目的设计等,是否有利于对知识运用的能力和素养的考查。特别是实验、实践环节的考查,是否能够反映非技术因素的能力和素养要求。

2. 需注意的主要问题

课程评价时需要注意以下问题：

（1）课程评价过度依赖作业和考试

作业和考试有利于评价学生"学习"了哪些具体知识，但难以评价学生"运用"知识的能力。特别是在考核学生综合运用知识的能力方面，作业和考试较难以胜任。

当教学目的逐步从"知识传授"转变至"能力培养"后，就必须依靠多元化的实践性教学活动（包括实验、大作业、团队合作、表达训练等）来实现教学目的，更好支持各项毕业要求指标达成。

（2）实践性教学活动过度依赖单一大作业

在设计实践性教学活动时，很多教师往往倾向于采用单一大作业的方式。该方式容易构造出具有目标问题难度大、综合运用知识要求高、有团队合作诉求等特征的复杂工程问题。但是在实践中，单一大作业也容易出现如下问题，如：

① 学习难度的梯度分布不合理：由于往往缺乏合理的实践性训练引导，导致学生学习曲线过于陡峭，从而使得相当一部分学生产生畏难情绪，从而导致或者无法完成大作业，或者必须重度依赖他人。

② 学生实际投入工程开发的时间过短：或者因为大作

业在课程后期布置,或者因为即便早期布置但学生因知识结构导致无法开展,或者因为学生习惯于在截止时间前才开始工作,总之,大作业的完成时间通常集中在一个较短时间周期内。过于紧张的工作周期不仅使得学生没有机会"试错",而且在学生遇到困难时会进一步恶化其畏难情绪。

③ 不利于进行细粒度的基于 OBE 的教学评价。对于单一大作业,教师往往难以监控和评价其中间过程,因此多数情况下只能采用粗粒度的评价方式。有时,这甚至会导致学生认为评价结果不公平。同时,单一的大作业总成绩,也往往难以支持该课程对分项指标点的达成评价。

从教学实践经验来看,建议慎用单一大作业形式,可以考虑多运用由多个实验构成的层次化实验体系。在层次化的实验体系中,教师可以对每个实验环节进行监控和评价,这样有利于更全面、更细粒度的评价实验体系及其达成度。此外,教师也可以通过单独改进某个实验环节从而稳健平顺的改进整个实验体系。

可以考虑从如下两个维度构思实验体系:

① 难度系数递进。即要求学生先构造简单系统,然后逐步增加难度系数。

② 分系统实现与综合集成。即按照系统内部结构,依托分系统设计相应的实验环节,最终再完成全系统的综合集成。

5.4.3 课程的持续改进

课程教学环节的评价目的是实现课程教学的持续改进和教学质量的稳步提升，促进专业培养方案的有效执行。

课程的持续改进主要驱动力在于以下几个方面：

① 课程评价结果对课程持续改进的推动。课程评价形成了各类分析报告，目的不是追求形式化的过程记录档案，而是为了发现课程教学环节对毕业要求指标点支撑存在的不足，为后续教学改进指明具体方向。特别是部分课程的难点，一直未取得显著的改进效果，但通过多年的量化分析和数据积累，可以避免"想当然"和"拍脑袋"的教学改革，会有助于教学难点的逐步改进。

② 社会需求和技术发展对课程持续改进的推动。课程责任教师不能局限于课程评价的各类分析报告本身，而应需要关注社会需求和技术发展对专业课程教学的推动作用，及时更新教学内容、教学方法，提升学生的专业能力和素养。

③ 教育教学新技术的发展对课程持续改进的推动。随着信息化对教育领域的促进作用日趋明显，课程责任教师需关注教育教学新技术的发展，例如通过虚拟仿真、

MOOC、SPOC、VR/AR 等方式弥补传统课堂的不足，更好地培养学生能力和素养。

建议课程的持续改进考虑上述因素，稳步提升课程质量，筑就专业建设的扎实基础，使得专业培养方案得到有效执行。

附录 A 培养方案示例

1. 培养目标和毕业要求

(1) 培养目标

培养具有良好科学素质、人文素养、社会责任感和职业道德,具有扎实的数理和计算机科学与技术基础理论知识和专业技能,具有设计、开发复杂计算机软硬件系统和计算机应用系统能力,具有较强的创新意识、科学研究能力和工程实践能力,具有国际视野和跟踪计算机前沿领域发展的洞察力,具有团队合作精神和组织管理能力,具有强烈的事业心和担当精神,具有终身学习能力的计算机专业高素质人才。

学生毕业后可在信息产业类企事业单位、航空航天等国防类企事业单位,从事复杂计算机软硬件系统的设计、开发和维护等工作;也可进入国内外高等院校、科研院所继续深造。

(2) 毕业要求

本专业毕业生应达到如下在知识、能力和素质等方面的要求。

① 工程知识：具备较扎实的数学、自然科学知识，系统掌握计算机领域的工程基础和专业知识，能够将相关知识用于解决计算机领域复杂工程问题。

② 问题分析：能够应用数学、自然科学和工程科学的基本原理，进行抽象分析与识别、建模表达，并通过文献研究分析计算机领域复杂工程问题，以获得有效结论。

③ 设计/开发解决方案：能够设计针对计算机领域复杂工程问题的解决方案，设计满足特定需求的软硬件系统、模块或算法流程，并能够在设计环节中体现创新意识，考虑社会、健康、安全、法律、文化以及环境等因素。

④ 研究：能够基于计算机领域科学原理并采用科学方法对复杂的计算机软硬件及系统工程问题进行研究，包括设计实验、分析与解释数据，并通过信息综合得到合理有效的结论。

⑤ 使用现代工具：能够针对计算机领域复杂的工程问题，开发、选择与使用恰当的技术、软硬件及系统资源、现代工程研发工具和信息检索工具，包括对复杂工程问题的预测与模拟，并能够理解其局限性。

⑥ 工程与社会：能够基于计算机工程领域相关的背景知识进行合理分析，评价计算机专业工程实践和复杂工程问题的解决方案对社会、健康、安全、法律以及文化的影响，并理解应承担的社会责任。

⑦ 环境和可持续发展：能够理解和评价针对计算机领域复杂工程问题的专业工程实践对环境、社会可持续发展的影响。

⑧ 职业规范：具有良好的人文社会科学素养、社会责任感强，能够在工程实践中理解并遵守工程职业道德和规范，履行责任。

⑨ 个人和团队：能够在多学科背景下的团队中承担个体、团队成员以及负责人的角色。

⑩ 沟通：能够就复杂工程问题与业界同行及社会公众进行有效沟通和交流，包括撰写报告和设计文稿、陈述发言、清晰表达或回应指令；并具备一定的国际视野，能够在跨文化背景下进行沟通和交流。

⑪ 项目管理：理解并掌握工程管理原理与经济决策方法，熟悉计算机工程项目管理的基本方法和技术，并能在多学科环境中应用。

⑫ 终身学习：具有自主学习和终身学习的意识，有不断学习和适应计算机技术快速发展的能力。

（3）毕业要求指标点分解

毕业要求1——工程知识：具备较扎实的数学、自然科学知识，系统地掌握计算机领域的工程基础和专业知识，了解国防及航空航天等领域背景知识，能够将各类知识用于解决计算机领域复杂工程问题。

1-1 掌握数学与自然科学的基本概念、基本理论和基本技能,培养逻辑思维和逻辑推理能力;

1-2 具备扎实的计算机工程基础知识,了解通过计算机解决复杂工程问题的基本方法,并遵循复杂系统开发的工程化基本要求;

1-3 系统地掌握计算机基础理论及专业知识,包括计算机硬件、软件及系统等方面内容,具备理解计算机复杂工程问题的能力,能够运用所学知识进行计算机问题求解;

1-4 能够将数学、自然科学、工程基础和专业知识等用于解决计算机领域复杂工程问题,能够判别计算机系统的复杂性,分析计算机系统优化方法。

毕业要求 2——问题分析:能够应用数学、自然科学和工程科学的基本原理,进行抽象分析与识别、建模表达,并通过文献研究分析计算机领域复杂工程问题,以获得有效结论。

2-1 能够针对一个系统或者过程进行抽象分析与识别,选择或建立一种模型抽象表达,并进行推理、求解和验证;

2-2 能够根据给出的实际工程案例发现问题、提出问题及分析问题;

2-3 能够针对计算机领域复杂工程对系统的要求进行需求分析和描述;

2-4 能够针对具体的计算机领域复杂工程的多种可选

方案,进一步根据约束条件进行分析评价,通过文献研究等方法给出具体指标和有效结论。

毕业要求 3——设计/开发解决方案:能够设计针对计算机领域复杂工程问题的解决方案,设计满足特定需求的软硬件系统、模块或算法流程,并能够在设计环节中体现创新意识,考虑社会、健康、安全、法律、文化以及环境等因素。

3-1 理解计算机硬件系统从数字电路、计算机组成到计算机系统结构的基本理论与设计方法;

3-2 能够合理地组织数据、有效地存储和处理数据,正确地算法设计及进行算法分析和评价;

3-3 在掌握基本的算法和硬件架构基础上,理解软硬件资源的管理以及建立在此基础上的各类系统的概念、原理及其在计算机领域的主要体现;

3-4 在充分理解计算机软硬件及系统的基础上,能够设计针对计算机领域复杂工程问题的解决方案,设计或开发满足特定需求和约束条件的软硬件系统、模块或算法流程,并能够进行模块和系统级优化;

3-5 在设计/开发解决方案过程中,具有追求创新的态度和意识,考虑计算机复杂工程问题相关的社会、健康、安全、法律、文化及环境等因素。

毕业要求 4——研究:能够基于计算机领域科学原理并采用科学方法对复杂的计算机软硬件及系统工程问题进

行研究,包括设计实验、分析与解释数据,并通过信息综合得到合理有效的结论。

4-1 具有计算机软硬件及系统相关的工程基础实验验证与实现能力,能够对实验数据进行解释与对比分析,给出实验的结论;

4-2 针对计算机领域复杂工程问题,具有根据解决方案进行工程设计与实施的能力,具有系统的工程研究与实践经历;

4-3 针对设计或开发的解决方案,能够基于计算机领域科学原理对其进行分析,并能够通过理论证明、实验仿真或者系统实现等多种科学方法说明其有效性、合理性,并对解决方案的实施质量进行分析,通过信息综合得到合理有效的结论。

毕业要求 5——使用现代工具:能够针对计算机领域复杂工程问题,开发、选择与使用恰当的技术、软硬件及系统资源、现代工程研发工具和信息检索工具,包括对复杂工程问题的预测与模拟,并能够理解其局限性。

5-1 能够通过图书馆、互联网及其他资源或信息检索工具,进行资料查询、文献检索,掌握运用现代信息技术和工具获取相关信息的基本方法,了解计算机专业重要资料与信息的来源及其获取方法;

5-2 能够在计算机领域复杂工程问题的预测、建模、模

拟或解决过程中,开发、选择与使用恰当的技术、软硬件及系统资源、现代工程研发工具,提高解决复杂工程问题的能力和效率;

5-3 能够分析所使用的技术、资源和工具的优势和不足,理解其局限性。

毕业要求6——工程与社会:能够基于计算机工程领域相关背景知识进行合理分析,评价计算机专业工程实践和复杂工程问题解决方案对社会、健康、安全、法律以及文化的影响,并理解应承担的社会责任。

6-1 掌握基本的社会、身体和心理健康、安全、法律等方面知识和技能,了解计算机领域活动与之相关性;

6-2 在计算机相关领域开展工程实践和复杂工程问题解决过程中,能够基于计算机工程领域相关背景知识进行合理分析,思考和评价工程对社会、健康、安全、法律以及文化的影响;

6-3 理解计算机相关领域工程实践中应承担的社会责任。

毕业要求7——环境和可持续发展:能够理解和评价针对计算机领域复杂工程问题的专业工程实践对环境、社会可持续发展的影响。

7-1 了解信息化相关产业及其相关的方针、政策和法律法规,理解环境和可持续发展以及个人的责任;

7-2 了解信息化与环境保护的关系,能够理解和评价计算机专业工程实践对环境、社会可持续发展的影响;

7-3 正确认识计算机工程实践对于客观世界和社会的贡献和影响,理解用技术手段降低其负面影响的作用与局限性。

毕业要求 8——职业规范:具有良好的人文社会科学素养、社会责任感强,能够在工程实践中理解并遵守工程职业道德和规范,履行责任。

8-1 掌握较为宽广的人文社会科学知识,具有良好的人文社会科学素养;

8-2 理解计算机领域相关的职业道德,具有较强的社会责任感;

8-3 能够在计算机领域工程实践中遵守工程职业道德和规范,履行责任。

毕业要求 9——个人和团队:能够在多学科背景下的团队中承担个体、团队成员以及负责人的角色。

9-1 能够正确认识自我,理解个人素养的重要性,并具有团体意识;

9-2 能够理解团队中每个角色的含义以及角色在团队中的作用;

9-3 能够在团队中做好自己所承担的个体、团队成员以及负责人等各种角色;

9-4 具备多学科背景知识,能够在多学科背景下的团队中与团队成员沟通,了解团队成员想法,并能够协调和组织。

毕业要求10——沟通:能够就复杂工程问题与业界同行及社会公众进行有效沟通和交流,包括撰写报告和设计文稿、陈述发言、清晰表达或回应指令,并具备一定的国际视野,能够在跨文化背景下进行沟通和交流。

10-1 具有良好的英语听、说、读、写能力,针对计算机专业领域具有一定的跨文化沟通和交流能力;

10-2 对计算机领域及其行业的国际发展趋势有初步了解,了解计算机专业相关的技术热点,并能够发表看法;

10-3 能够就计算机领域复杂工程问题与业界同行及社会公众通过撰写报告和设计文稿、陈述发言、清晰表达或回应指令等方式进行有效沟通与交流。

毕业要求11——项目管理:理解并掌握工程管理原理与经济决策方法,熟悉计算机工程项目管理的基本方法和技术,并能在多学科环境中应用。

11-1 掌握工程管理原理、经济管理与决策等知识;

11-2 掌握计算机工程项目全生命周期各过程管理的基本方法和技术;

11-3 能够在多学科环境中应用工程管理原理与经济决策方法,具备初步的计算机工程项目管理经验与能力。

毕业要求 12——终身学习：具有自主学习和终身学习的意识，有不断学习和适应计算机技术快速发展的能力。

12-1 了解计算机技术发展中取得重大突破的历史背景以及当前发展的热点问题；了解信息技术发展的前沿和趋势；

12-2 具有自主学习和终身学习的意识，认同自主学习和终身学习的必要性；

12-3 能够采用合适的方法，通过学习并消化吸收和改进，进行自身发展；

12-4 能够主动听取各类讲座，学习并适应新的热点或者运用现代化教育手段学习新技术、新知识，具有不断学习和适应计算机技术快速发展的能力。

2. 毕业要求对培养目标的支撑

培养目标分解如表 A-1 所示。

表 A-1　培养目标分解

	目标 1	目标 2	目标 3	目标 4	目标 5	目标 6	目标 7	目标 8
毕业要求 1		√						
毕业要求 2		√						
毕业要求 3	√		√					
毕业要求 4		√	√	√				

续表

	目标 1	目标 2	目标 3	目标 4	目标 5	目标 6	目标 7	目标 8
毕业要求 5			√	√				√
毕业要求 6	√		√	√			√	
毕业要求 7	√				√		√	
毕业要求 8	√						√	
毕业要求 9						√		
毕业要求 10					√	√		
毕业要求 11			√	√		√		
毕业要求 12					√			√

目标 1 培养具有良好科学素质、人文素养、社会责任感和职业道德。

目标 2 具有扎实的数理和计算机科学与技术基础理论知识和专业技能。

目标 3 具有设计、开发复杂计算机软硬件系统和计算机应用系统能力。

目标 4 具有较强的创新意识、科学研究能力和工程实践能力。

目标 5 具有国际视野和跟踪计算机前沿领域发展的能力。

目标 6 具有团队合作精神和组织管理能力。

目标 7 具有强烈的事业心和担当精神。

目标 8 具有终身学习能力的计算机专业高素质人才。

3. 主干学科

计算机科学与技术为主干学科。

4. 专业主干及核心课程

专业主干课程及专业核心课程如表 A-2 和表 A-3 所示。

表 A-2　专业主干课程列表

课程编号	课 程 名 称	学分数
DXYY	大学英语模块	10.0
08101100	高等数学 I(1)	5.5
08101110	高等数学 I(2)	7.0
16102720	离散数学 I(1)	2.5
16102730	离散数学 I(2)	3
04102220	数字电路与逻辑设计 Ⅱ	3
合　　计		31

表 A-3　专业核心课程列表

课程编号	课 程 名 称	学分数	备注
16101270	程序设计(1)	2.5	
16101280	程序设计(2)	2.0	

课程编号	课 程 名 称	学分数	备注
16102080	数据结构	3.5	特色
16102230	计算机组成原理	3.5	特色
16102740	形式语言与自动机理论	2.5	
16103030	编译原理 I	3.5	
16203200	计算机网络	2.5	特色
16103280	操作系统	3.5	特色
16102280	算法设计与分析 I	2.5	特色
16103650	微机原理与接口技术	3.0	
16103520	数据库原理	3.0	
合　　计		32.0	

5. 学习进程参考图

学习进程参考图如图 A-1 所示。

6. 修读办法和要求

（1）本专业学生在各课程平台中所修读的课程学分数需满足培养方案中各课程平台最低学分要求,在校期间学生需修满 178 学分方可毕业。各课程平台最低学分要求如表 A-4 所示。

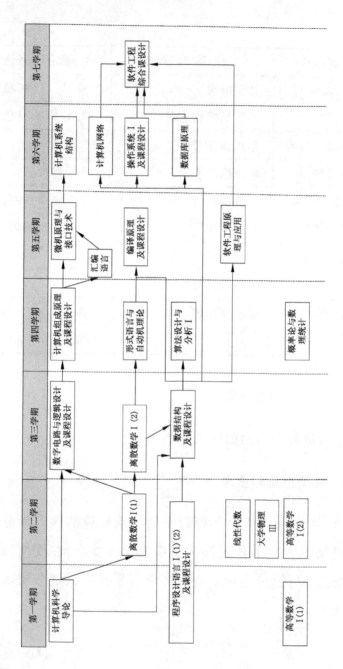

图 A-1 计算机科学与技术专业学习进程参考图

表 A-4 各课程平台最低学分要求

课程平台	最低学分要求	必修课学分	选修课学分
通识教育	62.5	55	7.5
学科基础	27.5	27.5	0
专业教育	30.5	23.5	7
学科拓展	10	0	10
实践能力培养	47.5	42.5	5
合　　计	178	148.5	29.5

① 通识教育课程平台：国防军事模块为限定选修课；文化素质模块要求每个子模块各修读 1.5 学分。

② 学科基础课程平台：包括程序设计语言 I(1)、程序设计语言 I(2)、离散数学 I(1)、离散数学 I(2)、数据结构等必修课程。

③ 专业教育课程平台：编译原理 I、计算机网络、操作系统 I、算法设计与分析、计算机系统结构、数据库原理、微机原理与接口技术等为必修课；现代软件开发技术(.NET)、现代软件开发技术(J2EE)、计算机图形学、并行与分布式计算、模式识别、数据挖掘等为选修课。

④ 学科拓展课程平台：包括跨门类、跨学科、跨专业和公共选修课四个课程模块，至少修满 10 学分，如表 A-5 所示。

表 A-5　学科拓展课程平台

课程模块	建议修读学分	建议修读课程
跨门类课程	3	经济管理类、人文社科类等
跨学科课程	2.5	软件测试(2.0)、软件设计模式与体系结构(2.0)、软件可靠性(2.0)、软件形式化验证(1.5)、电路电子学及实验(4)
跨专业课程	2	云计算原理(2.5)、计算机通信基础(2.0)、无线传感器网络(2.0)、计算机仿真(2.0)、嵌入式系统原理与应用(1.5)、移动计算(2.0)、普适计算(2.5)、计算方法(1.5)
公共选修课	2.5	校公共选修课

⑤ 实践能力培养平台：军事训练、社会实践、工程训练Ⅲ、计算机组成原理课程设计、编译原理课程设计、数据结构课程设计、操作系统实践、软件工程综合课设、毕业设计、创业基础等为必修课程；网络工程、网络通信实现技术、软件开发方法实验、计算机图形学课程实验、并行与分布式计算实验等为选修课。

（2）学生选修课程应在导师指导下进行，按照学校规定实行网上选课，每年四月、十月选定下学期课程，并通过网络选课系统提交。

（3）学生应根据自己的学习情况合理安排课程的修读。每学期修读的课程一般不得少于 18 学分，但也不宜多于

28学分(修读副修专业、第二专业以及获准免修、免听的学生可适当放宽)。学生按所在年级应修学分下限见表A-6。

表A-6 学生应修学分下限

年级	应修学分	累计应修学分
一年级	50	50
二年级	50	100
三年级	50	150
四年级	28	178

7. 学制与修业年限

学制：四年制本科。

修业年限：3～6年。

8. 授予学位

工学学士学位。

附录 B　知识体系的组织

B.1　知识体系组织概述

本部分阐述了如何组织计算机科学与技术专业所涉及的专业知识。为了便于阐述知识体系的结构,本《指南》对知识体系进行结构性划分,具体包含以下几个层次性概念:

1. 知识集群的设置

计算机学科的知识领域纷繁复杂,为了便于高校设计不同的课程体系,我们把知识领域划分成若干个知识集群。不同的课程体系可以选择不同的知识集群。每个知识集群的教学内容建议覆盖相应知识领域的内容,不同知识集群里的知识领域可以交叉。作为例子,本《指南》列举了三个知识集群(注意集群中知识领域可以根据需求自定义)。此外,各学校可以根据自己的培养目标自定义特色集群:

① 计算平台:体系结构、信息保障与安全、网络与通信、操作系统、系统基础、基于平台的开发、并行与分布式计算等。

② 问题求解：算法与复杂度、离散结构、图形学与可视化、人机交互、程序设计语言、软件工程等。

③ 数据科学：计算科学、信息管理、人工智能、大数据技术等。

④ 特色集群：根据培养目标自主选择知识领域组成特色群。

2. 知识领域、知识单元与知识点

知识体系由完整的一套知识领域构成，每个知识领域又进一步划分成若干个知识单元，每个知识单元又由若干个知识点所构成。

3. 知识点

根据知识点的重要性，知识点分为必选、推荐和可选三种类型：通常来讲"必选"的知识点是知识领域中那些非常必要或者初级入门的知识点；相反那些"推荐"的知识点一般是该知识领域中高级进阶的知识点；有些知识单元的知识点并不是该领域本科生需要掌握的知识，定为"可选"。学校应该提供一个相对灵活性培养方案，对于不同知识集群，同一知识领域的知识点也应该有不同的层次要求。

B.2 知识领域的设置

ACM 和 IEEE 的本科课程体系设计已经发展了 40 多年,由全球活跃在计算技术最前沿的专家定期更新,是国际公认的权威课程体系。为此,本《指南》的知识体系内容参考了它们的课程体系。由于中国目前的计算机发展对人才的需求呈现多层次和多样化,ACM 和 IEEE 计算机学会对计算机科学领域的课程设置并不一定能满足我们的培养需要,因此本《指南》建议在制定具体的培养方案时可以借鉴 ACM 和 IEEE 计算机学会在计算技术 5 个方向的课程设置,融合成一个完整的计算机学科知识体系。下面以人工智能为例,展示如何设置知识领域的具体内容。注意,本例中的知识单元,知识点的具体内容只做示例用途。

知识领域:智能系统

1. 基础问题

必选知识点:无。

推荐知识点:

① 人工智能问题概述,成功的人工智能应用最新实例;

② 什么是智能行为;

③ 问题的特征；

④ 代理的本质。

可选知识点：

⑤ 哲学和伦理问题。

2. 基本搜索策略

必选知识点：无。

推荐知识点：

① 问题空间（状态、目标和算子），通过搜索求解问题；

② 因素化表示（将状态构造为变量）；

③ 非启发式搜索（广度优先、深度优先、迭代加深式深度优先）；

④ 启发式搜索（爬山法，通常的最好优先搜索，A＊）；

⑤ 搜索的空间和时间效率；

⑥ 双人博弈（介绍极小极大搜索）；

⑦ 约束满足（回溯和局部搜索方法）。

可选知识点：无。

3. 基础知识表达和推理

必选知识点：无。

推荐知识点：

① 总结和评价命题和谓词逻辑（相互参照 DS／基本逻

辑）；

② 归结法和定理证明（仅限命题逻辑）；

③ 正向链接、反向链接法；

④ 总结和评价概率推理和贝叶斯定理（相互参照 DS /离散概率）。

可选知识点：无。

4. 基本机器学习方法

必选知识点：无。

推荐知识点：

① 各种机器学习任务的定义和实例，包括分类；

② 归纳学习；

③ 简单统计学习，如朴素贝叶斯分类器、决策树；

④ 过拟合问题；

⑤ 测量分类器的精度。

可选知识点：无。

5. 高级搜索方法

必选知识点：无。

推荐知识点：无。

可选知识点：

① 构建搜索树、动态搜索空间、搜索空间的组合爆炸；

② 随机搜索；

③ A＊搜索的实现、定向搜索；

④ 期望最大搜索(Expectimax search,MDP 求解)和机会节点。

6. 高级知识表达和推理方法

必选知识点：无。

推荐知识点：无。

可选知识点：

① 知识表示问题；

② 非单调推理(例如,非经典逻辑、缺省推理)；

③ 论证；

④ 关于动作和变化的推理(例如,情景和事件演算)；

⑤ 时间与空间推理；

⑥ 基于规则的专家系统；

⑦ 语义网络；

⑧ 基于模型和基于案例的推理；

⑨ 规划。

7. 不确定性推理方法

必选知识点：无。

推荐知识点：无。

可选知识点：

① 总结和评价基本概率（相互参照 DS /离散概率）；

② 随机变量及概率分布；

③ 条件独立性；

④ 知识表示；

⑤ 决策理论。

8. 代理

必选知识点：无。

推荐知识点：无。

可选知识点：

① 代理定义；

② 代理体系结构（例如，反应、层级、认知）；

③ 代理理论；

④ 合理性、博弈论；

⑤ 软件代理、个人助理和信息存取；

⑥ 学习代理；

⑦ 多代理系统。

9. 自然语言处理技术

必选知识点：无。

推荐知识点：无。

可选知识点：

① 确定和随机文法；

② 语法分析算法；

③ 表示意义/语义；

④ 基于语料库的方法；

⑤ N-gram 和隐马尔可夫模型；

⑥ 平滑和退避；

⑦ 使用的例子：词性标注和形态；

⑧ 信息检索（相互参照 IM/信息存储与恢复）；

⑨ 信息提取；

⑩ 语言翻译；

⑪ 文本分类,归类。

10. 高级机器学习方法

必选知识点：无。

推荐知识点：无。

可选知识点：

① 各种机器学习任务的定义和实例；

② 基于统计的通用学习,参数估计（最大似然估计）；

③ 归纳逻辑程序设计（ILP）；

④ 监督学习；

⑤ 集成；

⑥ 最近邻算法；

⑦ 无监督学习和聚类；

⑧ 半监督学习；

⑨ 学习图模型（相互参照 IS/不确定性推理）；

⑩ 效果评价（如交叉验证、ROC 曲线下的面积）；

⑪ 学习理论；

⑫ 过拟合问题、维度灾难；

⑬ 强化学习；

⑭ 机器学习算法在数据挖掘中的应用（相互参照 IM/数据挖掘）。

11. 机器人学

必选知识点：无。

推荐知识点：无。

可选知识点：

① 概述：问题与进展；

② 配置空间和环境映射；

③ 解释不确定的传感器数据；

④ 定位和映射；

⑤ 导航与控制；

⑥ 运动规划；

⑦ 多机器人协同。

12. 感知和计算机视觉

必选知识点：无。

推荐知识点：无。

可选知识点：

① 计算机视觉；

② 音频和语音识别；

③ 识别中的模块性；

④ 模式识别方法（相互参照 IS/高级机器学习方法）。

附录 C 课程示例

C.1 示例一

学院：计算机科学与技术学院　　　　　年级：2015　　　　　专业：计算机科学与技术

××××××××大学指导性教学计划表

课程平台	课程类别	课程编号	课程名称	学分数	学时数					考核方式	主干核心	每学期学时数							
					总学时数	课堂讲授	实验实践	讨论学时	上机时数	课外时数			(一) 共16周	(二) 共17周	(三) 共19周	(四) 共17周	(五) 共19.5周	(六) 共16.5周	(七) 共19.5周	(八) 共4周
通识教育	必修	08101550	高等数学 I(1)	7.0	112	112					S		112							
	必修	10501100	思想道德修养与法律基础	3.0	48	40		8			C		48							

续表

课程平台	课程类别	课程编号	课程名称	学分数	总学时数	课堂讲授	实验实践	讨论学时	上机时数	课外时数	考核方式	主干核心	(一)共16周	(二)共17周	(三)共19周	(四)共17周	(五)共19.5周	(六)共16.5周	(七)共19.5周	(八)共4周
	必修	82101030	安全教育	0.5	8	4	4				C		8							
	必修	82101040	军事理论	2.0	32	24	8				C		32							
	必修	83100020	大学生心理健康教育	1.0	16	12	4				C		16							
	必修	DXYY	大学英语模块	10.0	224	96	128		128		S	Z	√	√						
通识教育	必修	DXTY	大学体育模块	3.5	144	144				256	S		√	√	√	√				
	必修	10500010	形势政策教育	2.0	32	32					C		√	√	√	√	√	√	√	√
	必修	08101240	线性代数	2.5	40	40					S			40						
	必修	08101560	高等数学I(2)	5.5	88	88					S			88						
	必修	08201460	大学物理III	4.0	64	64					S			64						
	必修	10501150	中国近现代史纲要	2.0	32	26		6			C				32					

续表

课程平台	课程类别	课程编号	课程名称	学分数	总学时数	课堂讲授	实验实践	讨论学时	上机时数	课外时数	考核方式	主干核心	(一)共16周	(二)共17周	(三)共19周	(四)共17周	(五)共19.5周	(六)共16.5周	(七)共19.5周	(八)共4周
					学时数								每学期学时数							
	必修	08102070	概率论与数理统计Ⅱ	3.0	48	48					S					48				
	必修	10502060	毛泽东思想和中国特色社会主义理论体系概论	6.0	96	56	32	8			S					96				
	必修	10502070	马克思主义基本原理概论	3.0	48	40		8			S						48			
通识教育	选修		文化素质课 第一组	选修								至少选6.0学分								
	选修	WHLS	文化历史模块	1.5	24	24					C		24							
	选修	YSJS	艺术鉴赏模块	1.5	24	24					C			24						
	选修	ZXSH	哲学社会模块	1.5	24	24					C				24					
	选修	KJJC	科技基础模块	1.5	24	24					C						√	√		

续表

课程平台	课程类别	课程编号	课程名称	学分数	总学时数	课堂讲授	实验实践段	讨论学时	上机时数	课外时数	考核方式	主干核心	(一)共16周	(二)共17周	(三)共19周	(四)共17周	(五)共19.5周	(六)共16.5周	(七)共19.5周	(八)共4周
							学时数										每学期学时数			
通识教育	选修			选修 至少选 1.5 学分	国防军事课	第二组					至少选 1.5	学分								
	选修	011J0010	航空航天概论	1.5	26	22	4				S		26							
	选修	82IJ0050	军事高技术概论	1.5	24	20		4			C			24						
	选修	82IJ0040	国防科技工业概论	1.5	24	20		4			C				24					
学科基础	必修	16102700	程序设计(1)	2.5	40	40					S	H	40							
	必修	16102710	程序设计(2)	2.0	32	32					S	H		32						
	必修	16102720	离散数学 I (1)	2.5	40	40					S	Z		40						
	必修	04102220	数字电路与逻辑设计 II	3.0	48	48			40		S	Z			48					
	必修	16102080	数据结构	3.5	56	56					S	H			56					
	必修	16102730	离散数学 I (2)	3.0	48	48					S	Z			48					

C.2 示例二

课程平台	课程类别	课程编号	课程名称	学分数	总学时数	课堂讲授	实验实践学时	讨论学时	上机时数	课外时数	考核方式	主干核心	(一)共16周	(二)共17周	(三)共19周	(四)共17周	(五)共19.5周	(六)共16.5周	(七)共19.5周	(八)共4周
学科基础	必修	16102230	计算机组成原理	3.5	56	56					S	H				56				
	必修	16102740	形式语言与自动机理论	2.5	40	40					S	H				40				
	必修	16302090	软件工程原理与应用	3.0	48	48					S					48				
专业教育	必修	16103350	汇编语言	2.0	32	32			24		S						32			
	必修	16101090	计算机科学导论	2.5	40	40					S	H	40							
	必修	16102280	算法设计与分析	2.5	40	40					S	H				40				
	必修	16103030	编译原理I	3.5	56	48		8	20		S	H					56			
	必修	16103650	微机原理与接口技术	3.0	48	48					S	H					48			

续表

课程平台	课程类别	课程编号	课程名称	学分数	总学时数	课堂讲授	实验实践	讨论学时	上机时数	课外时数	考核方式	主干核心	(一)共16周	(二)共17周	(三)共19周	(四)共17周	(五)共19.5周	(六)共16.5周	(七)共19.5周	(八)共4周
专业教育	必修	16103280	操作系统	3.5	56	50	12				S	H						56		
	必修	16103460	计算机系统结构	3.0	48	48					S							48		
	必修	16103520	数据库原理	3.0	48	48			24		S	H						48		
	必修	16203200	计算机网络	2.5	40	40					S							40		
	选修	16102970	现代软件开发技术(.NET)	1.5	24	24					C							24		
	选修	16102980	现代软件开发技术(J2EE)	1.5	24	24					C							24		

第一组

	选修	16103690	计算机图形学	1.5	24	24					C					24				
	选修	16103180	模式识别	2.0	32	32					C						32			

续表

课程平台	课程类别	课程编号	课程名称	学分数	学时数						考核方式	主干核心	每学期学时数							
					总学时数	课堂讲授	实验实践	讨论学时	上机时数	课外时数			(一)共16周	(二)共17周	(三)共19周	(四)共17周	(五)共19.5周	(六)共16.5周	(七)共19.5周	(八)共4周
专业教育	选修	16104180	人工智能	2.5	44	36	8		12		C							44		
	选修	16102750	并行与分布式计算	2.5	40	40					S								40	
	选修	16102860	自然语言处理	2.0	32	32					C								32	
	选修	16104130	计算机容错技术与诊断技术	2.0	36	28	8		8		C								36	
	选修	16104620	机器学习及应用	2.0	32	32					C								32	
	选修	16302180	软件开发方法	2.0	32	32					S								32	
	选修	16104430	数据挖掘	2.0	32	32					C									32
学科拓展	选修	GGXX	校公共选修课	2.5	40	40					C		√		√	√	√	√	√	
	选修	KML	跨门类选修课	3	48	48					C		√		√	√	√	√	√	
	选修	KXK	跨学科选修课	2.5	40	40					C		√		√	√	√	√	√	
	选修	KZY	跨专业选修课	2	32	32					C		√		√	√	√	√	√	

续表

课程平台	课程类别	课程编号	课程名称	学分数	学时数				上机时数	课外时数	考核方式	主干核心	每学期学时数							
					总学时数	课堂讲授	实验实践	讨论学时					(一)共16周	(二)共17周	(三)共19周	(四)共17周	(五)共19.5周	(六)共16.5周	(七)共19.5周	(八)共4周
	必修	16101080	计算机基础技术实验	2.0	48	16	32		60		C		48							
	必修	16101290	程序设计语言实验(1)	0.5	16		16		60		C		16							
实践能力培养	必修	82201010	军事训练	2.0	3周						C		3周							
	必修	08301040	大学物理实验Ⅲ	1.0	32		32				C			32						
	必修	16101140	程序设计课程设计	1.0	1周				40		C			1周						
	必修	16101300	程序设计语言实验(2)	0.5	16		16		30		C			16						
	必修	16004000	社会实践	2.0	4周						C				√	√	√	√	√	

C.3 示例三

课程平台	课程类别	课程编号	课程名称	学分数	总学时数	课堂讲授	实验实践	讨论学时	上机时数	课外时数	考核方式	主干核心	(一)共16周	(二)共17周	(三)共19周	(四)共17周	(五)共19.5周	(六)共16.5周	(七)共19.5周	(八)共4周
实践能力培养	必修	16102090	数据结构课程设计	1.0	1周				40		C				1周					
	必修	16102520	离散数学实验I	0.5	16		16		16		C				16					
	必修	16102590	数据结构课程实验	1.0	32		32		40		C				32					
	必修	92100270	数字电路课程设计	1.0	1周						C				1周					
	必修	92100540	数字电路与逻辑设计实验II	0.5	16		16				C				16					
	必修	16102250	计算机组成原理课程设计	1.0	1周						C					1周				
	必修	16102510	计算机组成原理实验	0.5	16		16		20		C					16				

续表

课程平台	课程类别	课程编号	课程名称	学分数	学时数						考核方式	主干核心	每学期学时数							
					总学时数	课堂讲授	实验实践	讨论学时	上机时数	课外时数			(一)共16周	(二)共17周	(三)共19周	(四)共17周	(五)共19.5周	(六)共16.5周	(七)共19.5周	(八)共4周
	必修	91100030	工程训练Ⅲ	2.0	2周						C					2周				
	必修	16102620	微机原理与接口技术实验	0.5	16		16				C						16			
	必修	16103050	编译原理课程设计	1.0	1周						C						1周			
	必修	16103390	汇编语言实验	0.5	16		16		16		C						16			
	必修	16002010	专业英语阅读与写作	0.5	16		16				C							16		
	必修	16003030	下厂实习	3.0	3周						C								3周	
实践能力培养	必修	16102470	计算机网络课程实验	0.5	16		16		20		C							16		
	必修	16102610	数据库原理课程实验	0.5	16		16		24		C							16		
	必修	16103700	操作系统综合实践	2.5	64	16	48		80		C							64		
	必修	16104220	软件工程综合课程设计	2.0	2周						C								2周	
	必修	16104990	毕业设计	12.0	24周						S									24周

续表

课程平台	课程类别	课程编号	课程名称	学分数	学时数						考核方式	主干核心	每学期学时数							
					总学时数	课堂讲授	实验实践	讨论学时	上机时数	课外时数			(一)共16周	(二)共17周	(三)共19周	(四)共17周	(五)共19.5周	(六)共16.5周	(七)共19.5周	(八)共4周
	必修		创新创业必修模块 至少选干 4.5 学分																	
	必修	83200020	大学生职业生涯发展与规划	1.0	16	16					C			16						
	必修	09102460	创业基础	2.0	32	32					C					32				
	必修	JJGL	经济管理模块	1.5	24	24					C					24				
	选修		第一组 至少选 3.0 学分																	
实践能力培养	选修	16102450	计算机图形学课程实验	0.5	16		16		20		C					16				
	选修	16103360	微机原理与接口课程设计	1.0	1周		1周				C						1周			
	选修	16102650	现代软件开发技术(.NET)实验	0.5	16		16		40		C							16		

续表

课程平台	课程类别	课程编号	课程名称	学分数	总学时数	课堂讲授	实验实践	讨论学时	上机时数	课外时数	考核方式	主干核心	一共16周	二共17周	三共19周	四共17周	五共19.5周	六共16.5周	七共19.5周	八共4周
实践能力培养	选修	16102660	现代软件开发技术(J2EE)实验	0.5	16		16		40		C							16		
	选修	16102380	并行与分布式计算实验	0.5	16		16				C								16	
	选修	16104270	网络工程	1.5	42	6	36		24		C								42	
	选修	16104310	网络通信实现技术	1.5	42	6	36		24		C								42	
	选修	16302050	软件开发方法实验	0.5	16		16				C								16	
			创新创业选修模块 第二组 选修 至少选 1.0 学分																	
	选修	99900070	科技学术讲座	1.0	16	16					C	√	√	√	√	√	√	√	√	√
	选修	JSHD	竞赛活动	1.0	16		16				C	√	√	√	√	√	√	√	√	√

后　记

　　中国计算机学会教育工作委员会(简称教育工委会)是学会秘书处下属的工作机构。根据学会的发展需要,开展与计算机教育相关的研究工作。本届教育工委会(2016—2017)的任务就是研究并提出一份关于计算机科学与技术专业人才培养方案制定的《指南》,特别是对于培养方案中人才培养目标与定位、毕业要求、知识、能力与课程体系等核心要素的确定,提出一套科学的、可操作性强的《指南》,以帮助专业负责人制定科学合理的人才培养方案。

　　在接受了这项任务后,我们通过邀请和公开征集的方式,很快就成立了近40人的团队。其中很多成员是各高校计算机专业的学科建设负责人(院长系主任)或者对教育有深入研究的专家学者,还有些成员已经经历或者正在进行专业工程教育认证工作。大家积极性都很高,这给这项工作奠定了很好的基础。

　　然而好事多磨。一开始对于如何做好这件事,我们并没有把握,只是觉得这是一件有意义的事情,觉得这是学会发展的需要,就去做了。按照ACM/IEEE的思路以及思维惯性,我们一开始就分三个组,即按照系统组、软件组和应用组来开展工作。问题很快就出现了,首先就是如何解读"应用"。有解读为"学科交叉"的,有解读为 IT 的,这些解读都有些道理,但是又都不能解决现实的困难,即为什么我们培养的人才与社会需求有脱节?! 在苦苦探索一段时间,进行了激烈的争论后,我们突然明白,还是应从教育思想出发重新进行梳理。正好我自己经历了一次工程教育认证的洗礼,而且经过秘书长特别允许,我们几位工委会的领导(主任和组长们)列席了工程教育认证的年度总结会议。通过学习和不断研讨,我们逐渐理解并接受了 OBE 的教育,以学生为中心的教育,以及持续改进的质量保障机制等理念,并据此形成了《指南》编写的指导思想和基本内容框架。尽管这个学习理解的过程有些长,也受到了执行委员会同仁的严厉批评,但是我们认为这个代价是值得的。

一件事情不管多么困难,只要方向正确,就不怕路远。接下来,在组长推荐下,由高小鹏(负责第 3 章)、彭朝晖(负责第 4 章)、张孝(负责第 2 章)、姚斌(负责附录和统稿)、孙涵(负责第 5 章和附录)和杜小勇(负责第 1 章和后记),一共6 人组成了一个小的写作班子,集中工作了数天,形成了指南第一个相对完整的版本。这个写作班子的工作模式是高效的,也值得记录一下:以每半天为单位,先花一个小时逐个讲自己的思路和困惑点,大家进行讨论,之后各自思考和独立写作 2 小时,然后休息吃饭。通过几次迭代改进,本子初稿基本就形成了。在集中封闭的过程中,唐卫清、刘旭东、孟祥旭和唐振明都抽时间来现场与写作组一起讨论。

初稿完成后,我们面向教育工委会的全体委员进行了广泛的意见征集,一共收集到近百条的意见和建议。写作组逐一对意见和建议进行了讨论、给出了处理意见,并通过教育工委会议向委员进行了反馈。

CNCC 2017 期间,教育工委以"如何编制计算机专业培养方案?"为题组织了一次论坛,刘旭东和孟祥旭担任论坛主席。尽管论坛被安排在大会的最后一天下午,但是我们准备的 200 份《指南》(征求意见稿)很快就被领完。编制组的 6 位老师对《指南》内容进行了解读,得到了参会代表的鼓励和积极评价。

会后写作组又根据 CNCC 论坛上的反馈和意见,对稿子进行了讨论和修改。每次的讨论修改后都会产生新的遗憾。这个过程是无止境的,但是我们的任期是有限的。作为两年任期的成果,我们不得不暂时将这件事画上一个句号。本子虽然不厚,但是里面饱含了教育工委会全体成员的心血和智慧。我们无法一一陈述他们的贡献,仅在此列出他们的名字以示感谢。

主任:杜小勇

副主任:唐卫清　张铭

主任助理：姚斌

常务委员：孟祥旭　刘旭东　张孝　唐振明　吴甘沙
颜晖

委员：陈文智　陈振宇　崔江涛　邓明　董荣胜
董永峰　高敬阳　高小鹏　管刚　管连　黄健斌　李海生
刘玉葆　刘卫东　毛新军　彭朝晖　时阳　孙广中　孙涵
王新霞　王漫　吴黎兵　夏士雄　杨燕　于红　袁春风
臧根林　张莉

杜小勇

（CCF 教育工作委员会主任）